透视思想　确实 是　可能的。

信不信我知道你在想什么

Le petit psychologue illustré

（法）史蒂芬·吕兹耐克/著
（法）弗兰克·包布莱尔/绘
胡 瑜/译

外语教学与研究出版社
北 京

京权图字：01-2013-2849

图书在版编目(CIP)数据

信不信我知道你在想什么 / (法) 吕兹耐克著 ；(法) 包布莱尔绘 ；胡瑜译. — 北京 ：外语教学与研究出版社，2015.3
ISBN 978-7-5135-5672-9

Ⅰ.①信… Ⅱ.①吕… ②包… ③胡… Ⅲ.①心理学－通俗读物 Ⅳ.①B84-49

中国版本图书馆CIP数据核字(2015)第052318号

出 版 人：蔡剑峰
项目策划：满兴远
责任编辑：徐晓丹　杨彩霞
封面设计：姚　军
版式设计：赵　欣
出版发行：外语教学与研究出版社
社　　址：北京市西三环北路19号(100089)
网　　址：http://www.fltrp.com
印　　刷：紫恒印装有限公司
开　　本：880×1230 1/32
印　　张：6.5
版　　次：2015年3月第1版 2015年3月第1次印刷
书　　号：ISBN 978-7-5135-5672-9
定　　价：29.00元

购书咨询：(010)88819929　电子邮箱：club@fltrp.com
外研书店：http://www.fltrpstore.com
凡印刷、装订质量问题，请联系我社印制部
联系电话：(010)61207896　电子邮箱：zhijian@fltrp.com
凡侵权、盗版书籍线索，请联系我社法律事务部
举报电话：(010)88817519　电子邮箱：banquan@fltrp.com
法律顾问：立方律师事务所 刘旭东律师
　　　　　中咨律师事务所 殷　斌律师
物 料 号：256720001

前言

心理学家能透视别人的思想吗？

当两个心理学家相遇的时候，他们可以毫不隐晦自己的真实想法，畅所欲言，但如果一个“正常人”遇到了一个心理学家，说话往往会畏首畏尾，因为他有着自己的顾虑。他的顾虑来自两方面：一方面“众所周知”，心理学家跟病人待久了，心理的问题没准比病人还严重；另一方面，听说心理学家能够透视别人的思想。还听说……

真实情况是，不管是店小二还是心理学家，没人能够透视别人的思想。不过心理学家或多或少知道人的行为是如何运作的——一部分行为发生在人的思维层面，其学名是**认知**（cognition）。所以，一个心理学家很容易让人相信他具有某种超自然的能力，就像你可以在本书中读到的那些小绝招一样，他们总是能在聚会上发挥效力，让人相信透视思想确实是可能的。

把你的朋友们叫到一起，告诉他们接下来的每一步他们都只能在心中默想，结束之前什么都不要说出来，然后告诉他们以下步骤：

想一个 1 到 9 之间的数字。

在心里把这个数字乘以 9。

把这个刚得到的数字每一位上的数相加，减去 5，得到一个新的结果。

把新得到的数字和某个字母对应起来：A 对应 1；B 对应 2；C 对应 3；D 对应 4；E 对应 5，以此类推。

在心里快速地找一个名字以这个相对应的字母打头的国家。

现在看一下这个国家名字的最后一个字母是什么，然后快速地找出一种名字以这个字母打头的水果。

你可以做出高深莫测的样子，跟他们说，他们应该是犯了个错误，要不就是他们的思想很混乱，因为丹麦(Danemark[1]) 不产猕猴桃 (kiwi)。

奥秘在哪儿呢? 在于我们记忆的构造。我们在记忆中储存了大量的信息，所以必须使用不同方式来将信息组织起来。当我们在记忆中搜索一个词的时候，如果其他所有的词都同时跳出来，那么我们就什么也找不到了。我们使用的记忆组织形式往往取决于词语之间容易产生的联想、使用频率以及我们的文化习惯。因此，在法国，肯定更容易联想到丹麦 (Danemark) 这个临近的国家，而不是达科他 (Dakota，美国州名) 或达荷美 (Dahomey，西非贝宁共和国的旧名)，我们吃猕猴桃 (kiwi) 肯定多于吃柿子 (kaki)。无论一开始选择的是什么数字，考虑到数字 9 不同倍数的简单数学特性，最后得出的字母一定是 D。因此，大部分的人都会想到丹麦 (Danemark) 和猕猴桃 (kiwi)。

几十年来，心理学家努力用科学的方法对行为进行研究。他们关注许多领域，如记忆、知觉、学习、阅读、理解、发展、沟通等等，试图由此发现规律，以解释人类的心理是如何工作的。

为了实现这一目标，心理学家做了无数观察和实验，这些实验有时很复杂，但有时也很简单有趣。在这本书中，我们将向你介绍

① 在法语中，“丹麦”为“Danemark”。

一些最简单、最有趣的实验，让你和心理学进行一次亲密的接触。

为此，你需要准备一些心理实验的小工具：一支笔、一张纸、一块秒表，以及其他一些很容易在家里找到的东西。你还需要具有充分的耐心，因为我们向你推荐的实验不可能任何时候、对任何人都有效。这是因为，虽然人类行事有规律可循，但还是存在各种例外。

祝阅读愉快!

目 录

记 忆

短时记忆：也许我们都需要一张购物清单

记忆从来都是心理学家情有独钟的领域。德国学者艾宾浩斯[①]早在100多年前就发现了记忆，从那以后这方面的科学研究从未停止。这是什么原因呢？

因为我们大部分的行为与记忆里的信息有关，而记忆则保存了我们的全部知识。哪怕是在炎热的夏日午后喝一杯水这样简单的事情，都需要我们记住并了解什么是水杯，什么是水，记住水在冰箱里等等。我们打开冰箱，开启瓶盖，把水倒入水杯然后把它举到嘴边，正如我们已经上千次重复过的那样，这是因为这些动作已经记

① 赫尔曼·艾宾浩斯（Hermann Ebbinghaus，1850—1909），德国实验心理学家。他在研究中发现，“遗忘”在学习后立刻就开始，且最初速度快，以后逐渐缓慢，并根据这一实验结果绘成描述遗忘进程的曲线，即“艾宾浩斯记忆遗忘曲线”。

录在我们的记忆里，我们甚至感觉不到自己运用了回想起这些知识的能力，这样的动作有点像条件反射，但又不是条件反射。

此时此刻你正在阅读这些文字，你肯定懂得它们的意义，因为在你的记忆某处保存有“水杯”、“水”、“冰箱”等词语以及它们各自的含义，就像词典一样。也许你脑海里浮现的正是炎炎夏日午后的场景，也许你的思绪飘到了你所熟悉的小花园，也许你想起了某一个特殊的午后……那也是由于所有这一切都存在于你的记忆里。

请你先慢慢读一遍下面表格当中的词语（每词读一秒），随后再大声朗读一次，然后合上书，轻轻数到30，最后凭借记忆大声把它们说出来或是写出来，条件是你最多只能给自己两分钟。

狗—汽车—梯子—报纸—凳子—警探—笔筒—红玫瑰—樱桃—火柴

现在我们来检查一下吧：你记住了几个词？

4个？5个？不错。6个？7个？很好。8个？9个？太了不起了！

10个？你确定没有偷看？没有？！那你绝对是个超人，要不就是个外星人！

这个小练习告诉我们，每个人都拥有多种记忆类型。在这本书里我们把不同的记忆分为以下两种：

一类是长时记忆，其中存有你读到过的词的意义和酷暑午后的回忆。长时记忆似乎不受时间的限制，就算岁月流逝或病痛来袭会使它有所缺失，但它还是拥有无限的容量，因为它不仅保存有成千上万的信息，而且我们永远能够不断地往里面添加新的信息。

另一类是短时记忆，暂时性地储存有限的信息，这些信息往往是我们为了完成某些任务立即要用到的。鉴于我们暂时储存的信息不一定一辈子都有用，因此，除非用心记住，不然我们必须要写购物单才能保证在商店里把东西买全。

> *“记忆分为长时记忆和短时记忆，人类的大部分行为都与记忆里的信息有关。”*

 “会拍照的记忆”：这只是个传说

非心理学专业人士可能会有这样的误解：每一种感觉都有与其相应的记忆。他们还会举出例子来证明这一点：普鲁斯特[①]不就是在《追忆似水年华》中写到蛋糕的香甜留给他的记忆吗？有些人甚至干脆说自己有很好的“拍照记忆”。其实，大量的科学研究证明记忆并非真正地与感觉相联系，虽说有时的确让人觉得是那么回事。

口说无凭。请你让一位朋友朗读用彩色字母写成的一个句子。他可以读两到三次，如果愿意可以慢慢读，当然别让他看到句子的时间超过一分钟。

① 马塞尔·普鲁斯特（Marcel Proust，1871—1922），法国作家。代表作《追忆似水年华》，通过第一人称叙述，小说开卷，“我”从床上醒来，在梦幻般的状态中千思百想集于心头。这时，由于一杯茶和一块点心的触发，回忆起小时候在姑妈家生活的情景。

然后让他品尝一杯果汁，小心不要让他再看到那个句子。大概五分钟之后，给他绿、蓝、红、黄、黑彩笔各一支，让他在纸上写出这个句子并保证还原出每个字母本来的颜色。

怎么样？你是不是发现，他虽然完整地记住了句子，但是还原每个字母的颜色还是很有难度的。其实任务本身很简单，不需要绘画大师也能完成。

这个结果有力地证明：记忆是靠词语和事物的意义运作的，而非依靠我们的感觉。没有真正意义上的感官记忆，也没有拍照记忆。当然这并不意味着记忆当中没有对某些感受的回忆，或对某些画面的回忆，如对人的长相的印象。

> “*记忆是靠词语和事物的意义运作的，而非依靠我们的感觉。*”

短时记忆的"抽屉"有多大

短时记忆的有效时间和储存量都是有限的，它只能保存一定数量的信息，心理学家称之为**记忆容量**（empan mnésique）。现在测试一下你某位朋友的短时记忆容量吧，这样你就相信上面所说的了。

请他以正常速度读下表左栏"主要数列"的第一行数字串（大概每秒读两个数字的速度），然后让他立即按顺序重复数字串。如果成功，就跳到下一行；不行的话就换成右栏"补充数列"的第一行。如果重复右栏数字串也失败的话，那就停止这个小实验吧。

主要数列	补充数列
7—4—2	9—3—8
9—1—5—8	5—2—7—6
3—7—9—0—6	1—7—2—4—9
2—7—5—9—1—3	8—1—9—3—6—5
8—4—9—2—1—3—5	6—3—1—8—4—9—2
9—4—7—2—3—5—1—6	7—1—8—5—4—9—2—3
7—4—2—9—8—1—3—0—5	1—8—7—3—9—0—4—2—6
8—3—5—7—1—0—8—9—2—4	3—7—5—9—1—0—2—7—4—8
9—3—5—7—0—1—2—9—8—6—4	5—4—9—1—8—0—2—3—7—4—6
7—2—4—5—0—9—8—3—2—6—1—5	8—4—7—2—6—0—1—9—2—8—3—5

他应该能够毫不费劲地重复五个连续的数字，比如5、6、7、8、9。不过如果数字串包含十个数字，那困难可就大多了。这很正常，根据个人和信息的不同特点，我们的短时记忆能够储存五到九个信息，就好比它一共只有七个抽屉，其中每个抽屉内又只能放置一项内

容——这就是记忆容量。这个小实验提醒我们：要学习新内容，就必须先清空一个抽屉。

> “要学习新内容，就必须先清空一个抽屉。”

组块记忆：抽屉式记忆

现在，你的朋友歇够了。继续做同一个实验，请让他重复下面这些数字串。

主要数列	补充数列
742—981—305	187—390—426
724—509—832—615	847—260—192—835

让我来猜一猜：他轻而易举就做到了，对不对？其实，你仔细看就会发现，这次的数字串与上一个表格中的数字串完全一致。只不过，原来的个位数在新表中被合并成了三位数，而顺序还与原表保持一致。

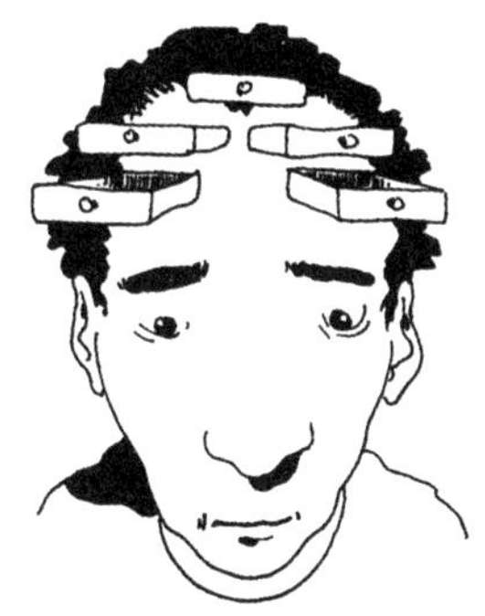

（这下我的理发师可倒霉了……）

在心理学上，我们说短时记忆的容量是“7±2”项内容，不管是什么性质的内容：7个个位数、7个多位数、7个单词……也就是说，只要能够把不同的内容组合起来，就能提高我们的记忆力。因此，尽管“1－9－1－4－1－9－1－8”是8个独立的内容，但如果变成“1914－1918”两个组合的话就减少为两项内容。又因为这两个数字组合产生一个意义，它们甚至还能再合并为一项内容——如果要记住的数字是“1914/1918－1939/1945”的话，以此类推。如果我们能够为一组信息找到意义，就使我们的短时记忆事实上能够储存7项以上的内容，哪怕它一共只有7个抽屉。用专家米勒[①]的术语来说，记忆容量一般是7个**组块**（chunk）。

① 乔治·米勒（George Armitage Miller，1920— ），美国心理学家。他于1956年提出一份研究报告，提出短时记忆的容量为“7±2”个组块。

抓不住的短时记忆

现在，你还可以做一个小实验，向朋友证明短时记忆不能被永久保存这一事实。

请读给他听下列词语串，一个一个地读，每秒读一个词。每读完一串，就给他一个数字，让他以3为递减单位，以最快速度大声地倒计数（如：367、364、361、358……），直到你喊“停！”，再让他在一分钟内回想起这些词语。你得用秒表精确控制倒计数的时间，并按照下表的提示逐渐延长这段时间。

词语串	倒计数起始数字	倒计数持续时间
飞机—苹果—骏马—座椅—画作	367	10 秒
大象—画作—橙子—汽车—靠垫	631	15 秒
报纸—鲨鱼—衣柜—樱桃—轮船	287	20 秒
李子—地铁—沙发—指甲—老鼠	539	25 秒
火箭—雪梨—长沙发—刺猬—灯泡	412	30 秒

倒计数若持续 10 秒，他能够在一分钟之内回忆起词语串中的五个词；但在倒计数 20 秒后，难度就有所增加；而 30 秒后则几乎不可能完成这项任务。这种情况实际上十分正常，因为短时记忆将信息暂存在抽屉里的时间一般不超过 18 秒。过了这段时间，一切都将被抹去!

要想记住的时间更长，就需要默记词语串，以便把信息保留在记忆里，但这却受到了倒计数这个任务的干扰。

你可以与这位朋友或另一位再试一下最后那个词语串，这次他可以把原来用于倒计数的 30 秒用来默记词语串，你会发现他能毫不吃力地重复出那五个词。

生活中，我们充满自信，经常一边默念着购物单上要买的四样东西，一边就去超市了。然而，由于心不在焉，我们经常会只带回来其中的两件，然后不得不再跑一趟。现在你明白怎么回事了吧？

> *“短时记忆将信息暂存在“抽屉”里的时间一般不超过18秒。”*

 为短时记忆的抽屉腾出空间

不过信息储存的时间并不是致使短时记忆中信息被遗忘的唯一原因，导致这个结果的还有另一种现象。

想实验一下吗？换一位朋友，让他做上一个实验，唯一的差别在于每个词语串读完后用来倒计数的时间都是 10 秒。请记下每一串中他能记住几个词。

词语串	倒计数起始数字	倒计数持续时间
大象—骏马—乌龟—海狸—小狗	367	10 秒
刺猬—小猫—豹子—奶牛—壁虎	631	10 秒
仓鼠—长颈鹿—母鸡—绵羊—骆驼	287	10 秒
狐狸—蝎子—猪—老虎—老鼠	539	10 秒
苹果—樱桃—猕猴桃—雪梨—水蜜桃	412	10 秒

会发生什么呢？前四串中能记起的词语数量递减，而第五串中能记起的词却最多。道理很简单，因为前四串中的词都是动物的名称，每个动物的名称都参与造成记忆混乱，对其他的词语形成干扰。

由于最先“放入”记忆抽屉的动物名称还未被清除，因而妨碍我们再“放入”新的动物名称。而第五行词串却由水果名称组成，不存在混淆，新词不会受到先前所学词语的干扰，短时记忆的抽屉清除得更彻底，为新词腾出了空间。就这样回忆变得更为容易。

想不起来不等于遗忘

话虽如此，但有时遗忘也仅仅是一种假象。请你再找几位朋友，以每两秒读一个词的速度，向他们大声地朗读下列词语。

书本—书包—城堡—汽车—松鼠—长沙发—纸巾—劳动—瓶子—记事本—乌龟—镜子—小孩—鞋子—电视—沙拉—公牛—塑料—彩灯—医生

读完后立即让朋友们回想词语并把它们写在纸上。两分钟后把纸收上来。

现在以六秒为间隔，根据下表给他们提示，让他们在另一张纸上写出听到提示后想起来的词语：

食物

小学生用品

家居用品

晚上若能躲在其中会感觉舒适

冬季常用

能走得更远

用皮革或布料做成

不一定总是用玻璃制成

旅行的纪念品

能活很长时间

童话故事里一种有魔力的东西

两次睡眠之间

夜晚时会转动

圣诞树的好朋友

护士

不一定在西班牙[1]

---

① 法语中有 château d'Espagne（西班牙的城堡）这个词组，意为“空中楼阁”。——译者注

不一定有插图

可能不是彩色

有角

其实不是橡胶

把第二张纸也收上来。最后，向他们读下面这个识别表中的单词，让他们说出新听到的词是否在刚才需要记忆的词语串之内。

苹果—书本—书包—大衣—教授—城堡—单人沙发—老鼠—汽车—松鼠—袜子—镜面玻璃—办公室—长沙发—纸巾—劳动—笔记—喷泉—影院—瓶子—记事本—大象—乌龟—娃儿—镜子—小孩—亮光—胡萝卜—鞋子—假期—塑料—彩灯—医生—小说

你会发现，你的朋友在第一步骤测试中记起了几个词，认为自己忘记了剩下的那些；而到第二步骤时，他们却又想起了一部分；到第三步骤时，他们又从记忆深处唤醒了另一些词。这只不过是因为，我们经常以为自己忘了一些事情，但事实上我们只是缺少唤醒记忆的提示而已。只要略微给个提示，记忆就会变得清晰。在上述实验里，最好的提示莫过于词语本身了。心理学家称之为**识别**（reconnaissance）。

如果你还没有完全信服，那就找三位朋友做下面这个实验。他们每个人分别只能用上述方法中的一种来回忆词语串：(1) 不受时间限制，任意回想；(2) 借助你给他的提示；(3) 借助识别表。比较他们的成果，你会发现，最后那一位将可以到处吹嘘自己傲人的记忆力，尽管事实上远不是这么回事。

> “*我们经常以为自己忘了一些事情，但事实上我们只是缺少唤醒记忆的提示。*”

印象深刻的开头和结尾：首位效应和新近效应

继续找几个人听上面这串词，以两秒读一个词的速度读给他们听，读完立刻要求他们在没有任何提示的情况下就把词写出来。你会发现，总的来讲，他们记得最好的是开始和结尾的那些词。这就涉及两个著名的现象。

最初那些词最容易被记住，是因为它们在短时记忆里储存的时间更长。人在听到其他词语的同时，能够多次回想和默记最先听到的那些词，于是它们有更多的机会停留在短时记忆抽屉里。这就是**首位效应**（primauté）。

首位效应的成因是开始的词比其他词更有机会得到默记。不信，你可以重复同一个实验。不过，如果这时你大幅提高朗读的速度，你的朋友会忙于应付新词而无暇默记先前听到的词，因此首位效应会相应消失，而这时记忆效果最好的将是末尾的那些词。

这个现象就需要用**新近效应**（récence）来解释了。很简单，最后的那部分词语还没来得及从短时记忆中抹去，因而在回想时能够立即得到再现。但你只要让朋友按顺序回忆词语，就可以让新近效应消失，因为按顺序回忆会暂时占据他们的思想，而从记忆中挤走最后听到的那些词。你还可以让他们在回想之前先用最快速度以 3 为递减单位做倒计数，比如从 512 开始倒数 12 秒，这个方法也同样能使新近效应消失。

学者多次研究这两个效应，它们不仅是心理学上广为人知的概念，也在传播学科等众多领域中占有一席之地——众所周知，一段演讲或一条信息最能给人留下深刻印象的往往是其开头和结尾。

雷斯托夫效应：独特才能让人印象深刻

咱们接着使用实验 7 中使用的第一张单词表，不过得把第十个词，也就是最容易被遗忘的“记事本”替换掉。

现在，大声地把新的词语串读给新的朋友听，每两秒读一个词，读完让他们把词写在纸上。两分钟后把纸收上来。

书本—书包—城堡—汽车—松鼠—长沙发—纸巾—劳动—瓶子—金刚—乌龟—镜子—小孩—鞋子—电视—沙拉—公牛—塑料—彩灯—医生

对“金刚”这个词的回忆成功率肯定是最高的，而且它经常是最先被想起的词之一。这就是**雷斯托夫**[①] **效应**(Effet Von Restorff)，它是以发现这一现象的科学家命名的。如果一个信息与其他信息之间出现不和谐，它就会在记忆中占有特殊的地位，会留下更深的印记，对它的记忆效果也会更佳。如果“金刚”所在的词语串由一群妖怪的名字——吸血鬼、格格巫、白骨精——组成，那么它可能与上一个词语串中“记事本”一样，吸引不了什么注意；反之，如果由各种妖怪名字组成的词语串里出现了“记事本”，那造成雷斯托夫效应的就有可能是“记事本”一词了。

① 冯·雷斯托夫（Hedwig Von Restorff），德国心理学家、医生。曾在一系列实验中发现，在一系列事件中，人们倾向于记住其中比较突出、与众不同的，也叫“出众原则”或“难忘原则”。

现在，你就有能力预言朋友们记得最清楚的词了。不过这可不是因为你能看透人的思想，而仅仅是因为你拥有心理学的科学知识。

你还会发现，先前提到的首位效应和新近效应都会在雷斯托夫效应作用下有所减弱。你还可以用其他的词去替换“记事本”，好玩着呢！比如一个骂人的词将会造成更强烈的反响。当然，前提是你知道很多骂人的词噢！

“如果一个信息与其他信息之间出现不和谐，它就会在记忆中占有特殊的地位，会留下更深的印记，因此对它的记忆效果也会更佳。”

找到意义，我们会学得更好

如果你还有愿意与你配合的朋友，那就让他们做下面这个新实验吧。

他们首先要做的是以最快速度回答下表的提问，只需将“是”或“不是”圈起来即可。把表格收上来之后，请你与他们谈论不相干的内容，比如他们头天晚上吃了什么。聊 30 秒之后，让他们在白纸上写下表格左栏里的词语。给他们三分钟的时间。

	问题	回答
小鸟 (OISEAU)	这个词是大写的吗?	是 / 不是
外套 (Veste)	这个词中是否出现两次字母“e”？	是 / 不是

续表

	问题	回答
电话（TELEPHONE）	这个词是否用于沟通？	是 / 不是
头发（cheveux）	词中有没有字母“p”？	是 / 不是
吉他（GUITARE）	歌手迈克尔·杰克逊是否拥有这件东西？	是 / 不是
海洋（Océan）	“地中海地区的”能修饰这个词吗？	是 / 不是
商品目录(CATALOGUE)	这个词里是否有六个元音？	是 / 不是
海胆（Oursin）	是不是一种食物？	是 / 不是
萨克斯（SAXOPHONE）	这个词是小写的吗？	是 / 不是
词典（dictionnaire）	这个词是否包含所有其他词？	是 / 不是
裤子（PANTALON）	其中是否有三个辅音？	是 / 不是
医生（docteur）	这个词是小写的吗？	是 / 不是
饭店（RESTAURANT）	能在轮船里找到这个事物吗？	是 / 不是
路灯（lampadaire）	是不是用来开关水龙头的？	是 / 不是
奶酪（FROMAGE）	这个词里有没有字母“u”？	是 / 不是

续表

	问题	回答
风景 (paysage)	这个词是小写的吗？	是 / 不是
郁金香 (TULIPE)	能把它放到花瓶里吗？	是 / 不是
演员 (Acteur)	是一种职业吗？	是 / 不是
眼镜 (LUNETTES)	这个词里有没有字母“t”？	是 / 不是
豆角 (Haricot)	有黑色的吗？	是 / 不是
戏剧 (THÉÂTRE)	是不是有三个元音？	是 / 不是
壁炉 (Cheminée)	有没有可能在这个东西前放一张皮毯？	是 / 不是
牙膏 (DENTIFRICE)	在足球场上有用吗？	是 / 不是
定时器 (Minuterie)	这个词里有没有字母“v”？	是 / 不是

你完全可以不看结果就预测朋友们对哪些词的记忆效果会比较好：电话、吉他、海洋、海胆、词典、饭店、路灯、郁金香、演员、豆角、壁炉和牙膏。

我看见海洋里满是海胆
它们在豆角牙膏
的餐馆里
弹奏着吉他

为什么呢？不是因为它们是用大写字母或是小写字母写的，也不是因为它们含有多少辅音或元音，更不是因为它们带有字母“u”、“t”或“v”，统统不是。它们的记忆效果好，只是因为与之相关的问题让你的朋友们关注了一下这些词的意义，而其他词的相关问题只是将他们的注意力引到了拼写上。

人们常说理解是学习的基础，这个小测试是这句箴言最浅显的验证。若能给我们所学习的事物找到意义，就能改善记忆的效果。

> “*为我们所学习的事物找到意义，是改善记忆效果的捷径。*”

11 为你的记忆抽屉扩容

我们了解了短时记忆的抽屉式运行方式，也明白了意义对于改善记忆效果的重要性，现在就可以设计一项新的小实验了。

向一群朋友卖个关子，说他们当中有一位“记忆帝”拥有非凡的记忆力，而他自己却还不知道。告诉朋友们这个“记忆帝”的名字就写在你裤兜里的一张纸条上——聪明的你当然知道应该事先就准备好这张纸条。然后向朋友们展示他的超能力。

请其他所有的朋友都严格按照以下指令去做：

请在 20 秒内记住下表的第一行内容；若能记住第二行则更好。

Q	L	T	A	E	R	N
U	E	E	R	S	I	S
A	C	S	T	S	S	E
N	H	T	I	O	D	N
D	A	P	L	U	A	T

给有幸被你选中的那位“记忆帝”的提示稍有不同。表格是一模一样的，指令中那个细微的差异不会引起他们的注意。给他的指令是：

请在20秒内记住下表的第一列内容；若能记住第二列则更好。

Q	L	T	A	E	R	N
U	E	E	R	S	I	S
A	C	S	T	S	S	E
N	H	T	I	O	D	N
D	A	P	L	U	A	T

接下来，你就求老天保佑此人看清他应该竖着读表吧，保佑他迅速意识到自己读到的实际上是一句话：“老猫不在家，老鼠乐开花。”

(Quand le chat est parti les souris dansent.)

20 秒后，让大家把表格翻过来在背面默写记下的字母。一切正常的话，你的“记忆帝”能迅速完成并一字不差，而其他人就算绞尽脑汁也很难填对第一行。这时，掏出你兜里的那位“记忆帝”的名字，所有人都会对你佩服得五体投地。

万一事与愿违，“记忆帝”出现差错，你也还可以补救，就说“记忆帝”其实是你自己嘛! 你可以一边让他们亲眼见证你从容不迫写出整张表格，一边从兜里掏出一张写有你自己大名的纸条——事先放置在另一个兜里，你懂的。但坦率地说，如果你缺乏幽默感的话，你可能没法轻易使他们信服噢。

稍等片刻，记忆效果会更好

你还能用同样简单的方式验证记忆中另一个重要现象。咱们首先来研究一下表中的词语，其中一部分已经在前面的实验中出现多次了。

书本—书包—房屋—汽车—仓鼠—长沙发—纸巾—劳动—瓶子—记事本—大象—镜子—小孩—鞋子—电视—沙拉—公牛—塑料—树木—医生

对一位朋友连读 8 遍这些词，每秒读一个词，读完后做其他不相干的事情，10 分钟后请他还原听到的词。

以同样的速度对另一位朋友连读两遍这些词，间隔两分钟后再连读两遍，再间隔两分钟后连读两遍，最后再重复两遍，共读 8 遍。结束后做其他事情，10 分钟后请他还原听到的词。

他们两位中哪位对词语的记忆更深刻呢？第二位吧？可他们不都是共听了 8 遍并都等了 10 分钟后才开始回忆的吗？关键在于，第一位所做的是被心理学家称为**集中学习**（apprentissage massé）的行为，而第二位则完成了一次**分散学习**（apprentissage distribué）。后者的效果必定优于前者。因此，学习必须要劳逸结合，这样记忆的效果会更好。

 路径或照片呈现词语：记忆小窍门

你还能用下面的方法向你的朋友们展示一下你的绝世记忆力。准备 10 个常用词，比如本书第一个实验中使用过的那个词语串。

狗—汽车—梯子—报纸—凳子—警探—笔筒—红玫瑰—樱桃—火柴

以每两秒读一个词的速度读给朋友听，读完立即让他们以 3 为递减单位，从 837 开始做 10 秒钟的倒计数，然后让他们按顺序回忆听到的词。其实倒计数可能都没有必要，因为“按顺序”本身就增加了任务的难度。

他们会发现这个要求很难达到。

接着，反过来让他们测试你的记忆。由他们来准备 10 个常用词，由他们以每两秒读一个词的速度读给你听。你也可以像他们一

样以 3 为递减单位，从他们指定的数字开始做倒计数。最后，你按顺序还原所有听到的词，你将会高质量完成任务。

要成功做到这一点，你需要选用由心理学家发展起来的众多记忆技巧。现在就向你推荐其中两种，你只需事先稍加训练即可。

技巧一：想象一间熟悉的房屋，在听到词语的同时在脑海中扫视每个房间，再想象每个词所代表的事物出现在房间中。

比如，我想象在我家的走廊里看到了一条**狗**。走进客厅，我看见桌子上放着一张**汽车**的照片。餐厅里居然摆了一架显得十分突兀的**梯子**。厨房的工作台上有一份打开的**报纸**。走进卧室时，我差点被一个**凳子**绊倒，抬头看到了一位长得像哥伦布的**警探**。书房里当然有一个**笔筒**。孩子的卧室墙上画了一朵**红玫瑰**。卫生间的浴缸里盛满了**樱桃**。最后我很诧异地在洗手间里发现了一盒**火柴**。如果闭上眼睛在脑海中呈现整条路线的话，这个方法的效果还会更好。

技巧二：你也可以想象一张风景明信片，不过要注意在“观景”时有合理的时间顺序。

比如，我看到自己在田野里，近处有条**狗**。狗后面有辆**汽车**。汽车后备箱里伸出来一架**梯子**，梯子的顶端放着一份**报纸**。汽车后面，**警探**哥伦布坐在一个**凳子**上，手里举着一个插着**红玫瑰**的**笔筒**，**红玫瑰**又托着一颗插着**火柴**的**樱桃**。

咱们可以当场试验一下。请合上书，现在按顺序回忆这10个词。

一字不差？很好，你拥有很强的想象力，可以用这些方法提高记忆力，然后给朋友露一手。

还是有困难？有些混淆？也许因为“参观”了我那对你来说很陌生的家，又研究了那张奇怪的明信片，这些都对你的短时记忆产生了干扰。但你只要稍微练习一段时间，肯定会渐入佳境的。

试试下面的词。轻声读出来，同时想象一幅画面，合上书再检验一下。

大树—猴子—蓝色—镜子—卡车—布娃娃—帽子—产品目录—窗户—太阳

怎么样？好多了吧？其实你可能也明白，我特意选了这10个词，因为它们很容易构成一幅画面。

你还可以小小地“舞弊”一下。不要让朋友准备“常用词”，告诉他们准备10个“日用品”。这样神不知鬼不觉，你就影响了他们的选择，他们会让你记忆比较具体的事物的名称，这样你就很容易把它们放置到你的房间或风景画里去了。当然，这个只能算是轻度“舞弊”。

长时记忆：回忆有多远，情感就有多深

我们花了很长时间来测试短时记忆，现在来研究一下我们都拥有的另一种记忆——长时记忆吧。从本书开始到现在，我们一直在使用各种词语表，而且我们边用边忘。长时记忆里，肯定找不到这些词语表。长时记忆保存的是童年往事、大段背诵过的文章、儿时见过的某个重要的人的模样或者一个陌生人的模样、我们看过的电影的名字、收录成千上万词条的词典、茶几上那六个遥控器的使用方法、驾驶汽车或在自行车上保持平衡的方法——所有这些我们不可能遗忘的信息。长时记忆不受时间限制，而且它的存储量也是无限的。

当然，长时记忆并不像有些人想的那样包含生活的全部，我们也绝对没有可能在这里拷贝生活的所有片段——哪怕我们接受催眠也不可能。虽然好莱坞电影人每每想让观众相信，但其实我们不可能在长时记忆里寻找到能拯救世界的那个关键细节。而且，心理学专家早已发现长时记忆中也有谬误，拼凑回忆回想往事时许多细节往往模糊不清，而我们自己的故事也不乏编造的成分。因此我们其实很难毫无保留地信任长时记忆。

但我们知道这种记忆还是有一定特点的。比如**自传体记忆**(mémoire autobiographique)，就专门用于珍藏生命中重要事件的回忆。而且，这一部分充满情感。

只需聆听你身边的人回忆往昔——那无限美好的岁月——你就会明白了。你会发现他们提及往事时几乎从来都饱含情感。我们不一定记得经历过的每一次生日，但有那么几天却给我们留下了不可磨灭的印记，可能因为那是我们最幸福的时光，也可能因为其中某天我们遭遇了灾难。回忆有多远，情感就有多深。

你可以试着找一下不带有任何情感的回忆，如果你找到几段，请问一下自己：是我记得？还是我知道？这两种情况性质完全不同。我记得，路尽头的铁轨后有一座花园，有一天花园的主人对我穷追猛打，因为我和小伙伴乔万尼和何塞偷吃了他家的草莓。到今天我还记得那天的情景：我们躲在小树林后面，心怦怦直跳，等待他跑过我们的藏身之处。这就叫一段清晰的回忆。

但我却不**记得**我们三个干过的其他坏事，尽管我**知道**我们的主要活动之一就是小偷小摸。我能像许多年前那样绘出街区的地图，能标出其中所有的果园以及种着醋栗、草莓、胡萝卜的每一个角落，但我的记忆里却找不到一个偷吃胡萝卜的惊险场面——也许确实没有发生过因为偷吃蔬菜而被邻居追打的事情吧。

> *“长时记忆不受时间限制，它的存储量也是无限的，但其中不乏谬误，因此我们很难毫无保留地信任长时记忆。”*

情感含量越高，回忆保存得越完好

这一节提到的是**闪光灯记忆**（flashbulb memories），是些清晰到每个细节的鲜活的回忆，有时它们会突然浮现，让我们回忆起一件尘封多年的事情。它们一般来讲多为相当私密的生活片段，但心理学在研究这些特殊回忆时经常以一些给**集体意识**（conscience collective）留下深刻烙印的公共事件为例。

你可以在夜幕降临后回答下面的问题，它们会唤醒你这些回忆，而且你会发现这是你与别人共同拥有的一些往事。

> 2001年9月11日纽约世贸双子大楼倒塌时你在做什么？你在哪里？和谁在一起？你还记得哪些细节？

北京申奥成功的那一刻你在做什么？和谁？

你第一次坠入爱河是怎么发生的？和谁？在哪儿？

你还记得第一次坐飞机的情形吗？

奥巴马当选美国总统时你在哪里？

齐达内头撞意大利球员的那一刹那你在哪里？

还记得你父母第一次把你独自留在家里的情形吗？

你是怎么获悉自己拿到大学录取通知书的？

你十七岁生日怎么过的？

李娜成为法网冠军当天你在做什么？

还记得你遭遇过的一次车祸吗？

第一次喝得酩酊大醉是什么时候？

类似的问题可以有一长串。它们能够帮你了解是什么因素使某段回忆保存完好。回忆中的情感成分是最重要的，情感含量越高，其保存就越完好。可能你对十七岁生日毫无感觉，但你的初恋、你遭遇的车祸或第一次醉酒却肯定历历在目。

记忆情感可以是积极的也可以是消极的。因此，不管一个人在政治立场上属于左翼还是右翼，奥巴马在总统竞选中的获胜往往会为他留下闪光灯记忆。同样，再不喜欢足球的法国人也能清晰地记得法国队成为世界杯冠军那天他们所做的事，因为他们频频见到胜利的画面，而且还总有人提问:“你呢? 你那天和谁在一起? 你当时在干嘛? ”因此，他们已经把那个夜晚深深地刻在了脑海里。

假如你家的宾客中有英国人，你可以问他，当他听说撒切尔夫人辞职的时候正在干什么，他肯定会记得的。而在场的法国人却会表示惊讶，因为他们对“铁娘子”辞职一事毫不知情。同样，美国人对失事的航天飞机记忆犹新，而法国人却根本不记得阿丽亚娜火箭[①]的各种失败。不过也有可能是因为阿丽亚娜从一开始就屡战屡败，以至于后来人们对这种消息都麻木了。

① 1973 年 7 月由法国提议并联合西欧 11 个国家成立的欧洲空间局着手研制、实施的火箭计划。

16 记忆中的词典

长时记忆里还有一部词典，术语叫做**心理词库**(lexique mental)。它“收录”成千上万的词语，但与我们所熟悉的书架上的词典不同。我们在这部词典中找不到事物明确的定义，更多的是从一个词联想到另一个词。如“大象”一词，你找不到“巨大的厚皮哺乳动物，外部特征为一对象牙，具有象鼻及自卫功能；有特别的象叫声”等这类定义。虽然“大象”是个普通词汇，但你若不是专家，你还是很难想到这个词来自于古法语“oliphant”，其前身是拉丁语“elephantus”，后者又是从古希腊语的“elephas”演变而来。在心理词库里，“大象”的关联词汇应是“动物、象鼻、防御、大耳”。想到“大象”时，其他的词汇会被激活，如“动物”(生活、进食、繁殖、有血)；或“耳朵”(脸部两边的事物，听)。此外，在书架上的词典中，只要知道拼写就能以很快的速度找到任何词，但心理词汇却完全不是这么回事。找到某个词语是否迅速，取决于熟悉程度、使用习惯及其在我们生活中的重要程度。比如我们知道，我们反应出“丹麦（Danemark）”这个名词要远远快于“达科他（Dakota）”。

现在请你的朋友们以最快速度判断正误，从表一开始。由你来计时并计算他们犯了几个错。

表一

命题	判断
鲸鱼是鱼	对 / 错
海星是一种海鲜	对 / 错
袋鼠生活在非洲	对 / 错
蝎子属蜘蛛纲	对 / 错
鸵鸟是鸟	对 / 错
狮子生活在丛林里	对 / 错
海葵是动物	对 / 错
鸭嘴兽是哺乳动物	对 / 错
蛤蟆是雄蛙	对 / 错
蚊子有牙	对 / 错
鳄鱼是爬行动物	对 / 错

续表

命题	判断
长颈鹿有铁蹄	对 / 错
北极熊是冷血动物	对 / 错
鲨鱼属鲸目	对 / 错
猪有毛	对 / 错
老鼠产奶	对 / 错
蝙蝠会下蛋	对 / 错
大猩猩有脚	对 / 错
蛇有耳朵	对 / 错
蜘蛛是昆虫	对 / 错

表二

命题	判断
长颈鹿是鱼	对 / 错
鲸鱼是海鲜	对 / 错
企鹅生活在非洲	对 / 错
狼蛛属蜘蛛纲	对 / 错
鸽子是鸟	对 / 错
绵羊生活在丛林里	对 / 错
海象是动物	对 / 错

续表

命题	判断
马是哺乳动物	对 / 错
火鸡是公鸡	对 / 错
狼有牙	对 / 错
蛇是爬行动物	对 / 错
驴有铁蹄	对 / 错
长臂猿是冷血动物	对 / 错
白金枪鱼属鲸目	对 / 错
狐狸有毛	对 / 错
奶牛产奶	对 / 错
犀牛会下蛋	对 / 错
鳟鱼有脚	对 / 错
海虹有耳朵	对 / 错
仓鼠是昆虫	对 / 错

表一犯错的几率较高。其实，两张表的正确答案的顺序是一模一样的。问题在于我们心理词库对表一中所使用的动物特征描写不能立即做出反应，而表二则迅速得多。如果我们脑袋里只有一部固定的词典，那么回答两张表的速度应该是一样的，并且应该百分之百正确，但以上小实验证明事实并非如此。

早知道带上 GPS 就好了……

我们的记忆依赖**语义范畴原型**(prototype),并在原型间建立联想。正因如此,虽然我们是成年人而且还听过很多次,却还是在“鲸鱼是不是鱼”这个问题上犹豫不决。在我们的心理词库中,“鲸鱼”应该留下的印象是:庞然大物、生活在水中、濒临灭绝、脊椎后突;“生活在水中”应该产生以下联想:鱼、海鲜、鲸目;又因为鲸鱼拥有鱼的外形,很有可能产生混淆,我们需要特别用心分析才能做出回答。其实我们事后再想一下,答案是很明显的:鲸鱼非鱼,而猪身上的确有毛。

17 按照范畴原型定义，所有的动物都是长得像奶牛的狗！

多项研究表明，我们的心理词库依靠原型运行。因此，听到“动物”这个词时，“进食、生活、自我繁殖”等特征就会自动激活，同时还会有图像浮现。该图像会呈现人们赋予动物的基本特征：四条腿、毛须、中等大小、单头、有脖颈和尾巴等等。人们不会考虑到许多动物没有腿、部分动物有羽毛、或动物体型可以有很大的差异等。

事实上，“动物范畴原型”或简单说“典型的动物”是介于狗和奶牛之间的一种东西。因此，对“动物”和“狗”的比较能迅速完成，而比较“动物”和“海葵”需要的时间则长得多。

你可以让朋友们随意画一个“动物”，你会发现很少有人画鱼、

海葵、昆虫或飞鸟。一般来讲，他们都会选择画狗、猫或奶牛，反叛性格较强的人则会画狮子或长颈鹿。这一条规律在儿童身上更加灵验。

你还可以让朋友简单说出一个“动物”，结果还是一样的。如果你说“餐具”，他回答“筷子”的几率会高于回答“叉子”或“小勺”。你说“职业”，诸如“医生”、“教师”这些经典职业出现在回答中的比例会很高。还比如“桌”、“椅”是典型的“家具”。更准的是，让你的朋友说出一件工具，他十有八九会回答“锤子”，因为锤子是工具中的典型。事实上，很少有其他工具与其外形相似，而且它都不再是现代木工活爱好者使用最多的工具了。

奇怪的是，你让他说一件工具而他又回答了“锤子”后，要是你再让他说一种颜色，他极有可能提到“红色”；接着再让他说一个国家，那他就可能会回答“俄罗斯”或“苏联”。但“红色”和“苏联”不是“颜色”和“国家”范畴中的典型。只不过“锤子”由于种种原因与“红色”有关联，因而将“红色”在记忆中激活，而“锤子”和“红色”同时被激活后，就让人联想到苏联的国旗。

“我们的心理词库依靠原型运行。”

心情愉快时，想到的事情总是积极的

心理词库中，词语间会形成激活链。如果一个词经常被激活，它会很容易取代别的词被使用，或作为回答。这是有别于原型词汇的另一现象。

人们常喝的当然非水莫属。你让别人快速回答下面这些问题，就像你小时候在课间休息时曾经做过的那样，最后一个问题的答案会是“水”，尽管前面的问题中都没有明确地提到水。

人们把大河叫什么？

大西洋位于美洲的东边还是西边？

“岩石威士忌酒”中加的是什么？

眼镜镜片一般是什么颜色？

奶牛喝什么？

有关水及其可能的形态和颜色的想法都得到了激活。由于记忆出现了明显的倾向，最后那个问题的回答最有可能是“水”。不过，如果你首先激活了别的内容，那么尽管最后的问题是同一个，别人给出的答案很可能就不同。

婴儿奶瓶顶端的橡胶部分叫什么？

人们经常浇在冰激凌上面的那种甜润醇厚的奶油叫什么？

人们习惯在主菜后甜点前点什么吃？

棉花的颜色是什么？

奶牛喝什么？

这一系列问题激活的是白色、奶嘴、掼奶油和奶酪，人们可能更自然地给出“牛奶”这个回答。由于“牛奶”在记忆中被激活的频率更高，并且它与“奶牛”一词联系紧密，它就有可能被当作答案。

这个记忆现象被心理学家称作**启动效应**（priming），是几十年前被发现的。它存在于记忆的众多方面，比如上文已经提及的情感的作用：一个人心情愉快时，想到的事情总是积极的。

我想什么时候喝就什么时候喝，想在哪儿喝就在哪儿喝！你们可别找我的茬儿！

这个现象被广泛应用于传媒行业。长期以来，广告商尽其所能为博得观众一笑，目的就是让我们对他们所宣传的产品有积极良好的印象。商场都播放流行歌曲，但一般不太会选播摇滚乐，因为不想给我们粉碎一切的暗示……我们对新闻中的坏消息避之不及，危机时期尤甚。广告商还会尽力在记忆中制造联想以产生启动效应，使人们更愿意购买他们的产品。正是由于这个原因，我们最喜爱的圣诞老人，过去穿着杉树绿的大衣，爱在他拜访的每个家里喝一小杯牛奶，现在却改变形象，穿戴起某碳酸饮料公司的颜色，被迫用一种含糖的饮料取代了牛奶。联想的潜移默化渐渐开始显出成效，因为有研究显示，圣诞老人的形象能激活记忆中的可口可乐，这种饮料因此与每年最快乐的时光联系在一起。

但词语可不仅仅是词语!

我们的心理词库中包含有成千上万的词汇，但很难相信真正印刻在其中的是词语本身。没错，人的大脑中并没有纸张，也没有供我们书写回忆或信息的笔。一切都依赖于神经元网络的激活。

真正以不同方式记录在记忆中的是概念而非词语。许多心理学家称之为**表征**（représentation）。也就是说我们的思考不是通过词典进行的。这能解释为什么我们每个人的思想中都有“无穷尽”这个概念但要定义它却困难重重；同理，我们都能理解“螺旋状楼梯”的表征，但这个表征肯定不是用词语描述，因为这个事物很难用口语来解释，我们的脑海中更容易浮现的是一幅图像，我们可以将它画在纸上用于解释。

因此，记忆当中的概念应该不仅与词和拼写有关，也与图像有关。不信？你可以“读”下面的句子，它们可不是用词语写成的！

也许你读到的是：“小狗在吃肉骨头”、“小宝宝在喝奶”。或者，如果你是个特别有批判性思维的人，你会读到：“鬣狗的主人在快餐店里狼吞虎咽，他很快就会因为胆固醇超标而最终瘦骨嶙峋。”

同样，你还可以思考下面这幅画，找出其含义。

你肯定对“龟兔赛跑”的故事耳熟能详，能看出图中的乌龟比兔子速度快，并会超过兔子最终赢得比赛。但哪怕你没听说过这个寓言故事，光看图片你也能一眼看出乌龟马上就要超过兔子，因为乌龟身后尘土飞扬，而兔子却不然。

插图画家都懂得巧妙利用这种手法，不动声色地让图片说话。因为我们在理解意义时，依赖的符号远不止词语这一种。

> *“记忆当中的概念不仅与词和拼写有关，也与图像有关。”*

错 觉

20 错觉发生在知觉的任何领域

150 年前心理学这门学科诞生伊始，心理学家就对知觉产生了浓厚的兴趣。他们研究我们如何诠释自己觉察到的东西，也研究知觉的物理和生理规律。

研究对象很快就转移到了错觉上，因为后者清晰地暴露出我们判断周围事物时会产生多么严重的谬误。

在知觉的任何领域制造错觉都有可能：视觉、听觉、触觉、味觉……

比如，你可以蒙住一个人的双眼让他品尝食物，捉弄他一小下，很好玩的。

首先，你可以利用品尝食物的顺序来制造味蕾幻觉。让对方在吃完咸食后喝一罐无糖原味酸奶，越淡越好；再让他在吃完甜食后喝同样的酸奶，他会感觉第一种情况里的酸奶不如第二种情况的甜。为什么呢? 因为味蕾在与食物真正接触过后会在一段时间内保持兴奋。因此，甜食刺激甜味感，咸食刺激咸味感。

你还可以测试你的说服力。打开一瓶无糖无味的酸奶，蒙上两位品尝者的眼睛，让他们评价酸奶的酸度。将一勺酸奶送到第一位品尝者嘴里之前，先让他想象蜂蜜的味道和这种甜浆入口的感觉；让第二位想象的是柠檬的味道和酸汁入口的感觉。前者对酸奶的评价会比后者的要甜得多! 你甚至可以在同一位品尝者身上做实验，

让他在两种实验之间喝一大杯水，并假装在给第二勺时换一种酸奶，也同样灵验的！

这是为什么呢？很简单，因为光是想到一种味道就能产生对某些味蕾的刺激，当然也因为人总是很容易上当。

> “在知觉的任何领域都有制造错觉的可能。”

21 期待干扰知觉

就像在有关酸奶味道的实验里看到的那样，期待会改变我们的知觉。

这一现象最简单的例子就是“体积—重量”关系错觉。我们经常觉得，看上去庞大的事物必然很沉，而小巧的则必然没有多少分量。但这可没准儿，因为重量并不能通过目测被感知，这也就是为什么有时候我们递东西给别人时必须提醒：“小心，这东西很沉！”

我们来演示一下。找两只桶，或别的两个容器，但体积必须有明显差别。也可以用两只行李箱来代替。尽量把它们填满，使它们达到一样的重量。

要注意将重量控制在三四公斤以内，因为事物越轻我们就越能感受到细微的重量差。打个比方，一手拿一颗花生米，另一手拿三颗，我们能感觉到重量差异；但若一手托着一头吃了一颗花生米的大象，另一手托的是它吃了三颗花生米的双胞胎兄弟，同样的差异，但感知这种差异的难度可能就要大许多了。

把两个容器填满后，让朋友先后提起两个容器，然后判断重量。你会发现结果是体积大的被认为比较轻。

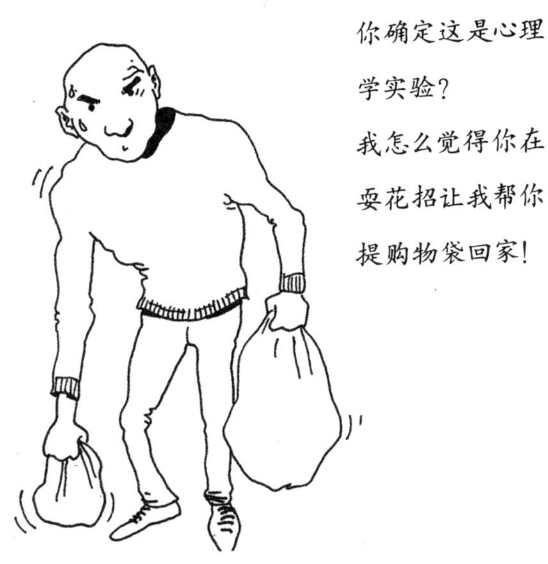

这是怎么回事呢？这还是一个心理和体力预期的问题。面对较大的容器，我们预期它的重量值较高，于是，提拎前我们让肌肉做好准备，调整并找到一个平稳的姿势等等。事实上这个容器没我们想象的那么重，因此就显得比较轻。而较小的那个容器产生的效果正好相反。我们以为要提拎一个没多重的东西，但没想到那么沉，因此我们对它重量的判断超过了其实际重量。

心理学在这方面有许多值得观察的有趣现象，最值得我们继续学习的是感官错觉，这也是最应在书中提及的内容。

“心理和体力的预期会改变我们的知觉。”

我们的环境始终是彩色的吗?

科学研究很快就发现，虽然我们认为周围事物是立体、彩色并有清晰的线条，但事实并非如此。

要得到立体感，即三维的视觉，必须要有**双眼视觉**（vision binoculaire），也就是说要有两只眼睛！可是如果我们闭上一只眼，大脑却继续认为环境有三个维度并在此基础上对其进行解读。当然，虽说闭一只眼对视觉不产生什么影响，但这却会很大程度地影响身体在空间中的运动协调性。

请朋友触碰钢笔的一端，注意把笔放置在他够得到的距离内。若睁着两眼，他肯定能轻而易举地准确触碰到钢笔的一端，不管具体位置在哪里。不过，如果你让他闭上一只眼睛再试一下，你会发现他完成任务的质量大打折扣，甚至有时会有几厘米的偏差。如果闭上的眼睛正好是他的**主视眼**(l’oeil de visée)，差异会更加明显。

想要知道哪只眼睛是主视眼很简单，只需在保持两眼睁开的条件下用食指瞄准距离自己几米之外的一个物体。然后闭上一只眼，如果食指依然正对那个物体，则睁着的那个眼睛是主视眼。如果食指和物体之间有偏差，则闭上的那个眼睛是主视眼。

由此可见，我们所感知到的三个维度有时仅仅是大脑解读视觉信息的结果。比如，身体倒立时我们也不会对事物产生颠倒的视觉：我们依然能够分辨上下，尽管其实物体在我们的视网膜上的成像确确实实是反向的。倒立时视觉颠倒的情形只有在电影里才会出现，但总得允许导演们想办法让我们明白人物是倒立的呀。

我们的大脑还诠释外界环境提供的其他信息。比如，能让我们辨识颜色并确定物体外围边界的细胞仅仅集中在视网膜的中心(**视网膜中央凹**，la fovéa)，我们却始终感觉环境是彩色的并认为所看到物体的边界是清晰的。其实，外界的大部分信息到达大脑时是模糊的黑白图像。不信，你可以注视你前方1米的事物，然后不要转移视线，伸手缓缓地移近一本书让它进入你的视线。继续保持注视方向，试着读出书名并描绘封面的颜色。唯有当书本进入视线中心区域时，你才能完成上述任务。这之前你都会因为封面图像太不清晰而无法辨识其色彩。

你也可以站在朋友的对面，要求他保持与你对视，你会得到相同的实验效果。

由此证明，我们只能在极有限的视线范围内获得真正清晰的彩色图像（**周边视线**，la vision périphérique，与视网膜中央凹是一组对立的概念），但大脑却让我们相信这个范围等同于视线所及的整个区域。

这还仅仅是大脑在视觉方面变的戏法。

23 视觉是连续的吗?

现在我们都懂得人的视觉是非连续性的。我们知道，尤其通过电影技术的发展了解到，人每秒摄入大约 24 幅画面，大脑把画面连接起来，赋予其意义，并让人认为视觉是连续的。不过我们可能不知道，这些画面并非随即消失，而是在我们毫无知觉的情况下残留一段时间。这又是为什么呢? 因为视觉是通过神经传导形成的，后者以某些化学交换为基础，这些交换需要一段时间才会消失，因为分子在促成交换后不会立即消失。

刺激视网膜的光线十分强烈时，我们就会感受到这一点。我们感觉光线刺眼，而且在相当一段时间内还能见到光斑。其实，没有刺眼的光源同样可以证明这个现象的存在：通过一种被称作**视觉后像** (images consécutives) 的现象。

你可以对下面左图的黑点注视十多秒，然后注视右边的黑点。

看右图黑点时，你是不是仍然看到外面有个黑色的圆环？很正常，因为左图圆环的图像还未被“抹去”。试着在注视右边圆点时眨眼，你会发现视觉后像还在。你还可以在白纸上画相同的小圆点，然后用另一种颜色画圆环。你能观察到，如果圆环是红色的，视觉后像是绿色的；如果圆环是蓝色的，则视觉后像是黄色的，等等。

你还可以——当然要是你有这个天分的话——根据视觉后像原理，找到让下图里的“事物”显现的方法，这个经典实验也遵循同样的程序：凝视画面片刻，然后将目光移至一个白色平面上。

结果耐人寻味吧……

 诱发错觉的几何图形

早在心理学学科发展之初，心理学家就对知觉产生了浓厚的兴趣，并很快着手研究视错觉或其他错觉。他们在错觉研究中充分发挥想象力和创造力，同时得到物理学家的大力支持，要知道错觉也属于后者的研究领域。到 19 世纪末甚至有人提出**心理物理学**(psychophysique) 的说法。

人们有时会对一些几何图形得出不符合物理事实的错觉，只需用很简单的方法就能证明其谬误，但人们还是乐此不疲地上当受骗。研究视错觉，就是要研究这些图形。

铁钦纳[①] **圆环组合** (les cercles de Titchener) ——以首位关注这

① 爱德华·铁钦纳 (Edward Bradford Titchener，1867—1927)，英国心理学家。1890 年起师从德国著名心理学家冯特 (Wilhelm Maximilian Wundt，1832—1920)，1898 年正式提出“构造心理学”的名称，并成为此学科的主要代表。

个现象的学者命名——就是最经典的例子。A 和 B 两个圆盘直径相等，但即便我们对此坚信不疑，还是很难不觉得 A 圆盘大于 B 圆盘。

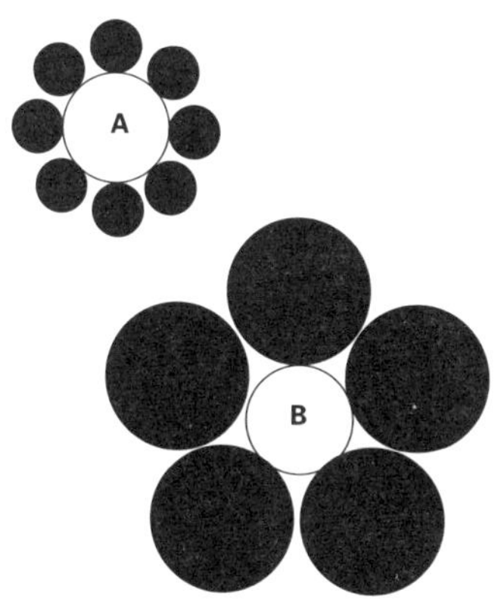

下图出自蓬佐[①]的研究，线段 A 和 B 长度相等，虽说看上去 A 长于 B。人们看图形时看的是整体，大脑在判断局部图形时，很难不受同一整体中的其他元素的影响。

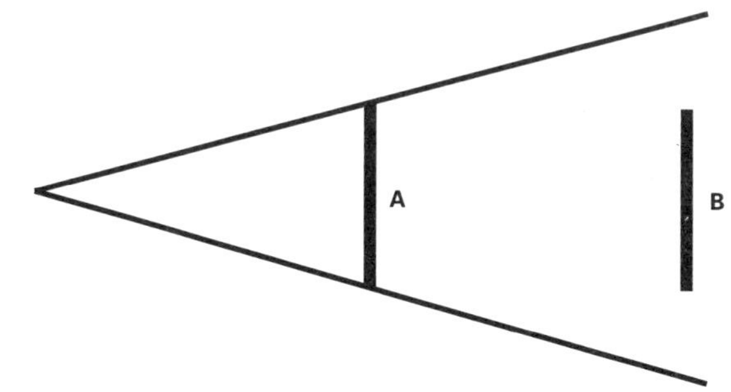

① 马里奥·蓬佐（Mario Ponzo，1882—1960），意大利心理学家。他于 1911 年发现的与收缩和膨胀有关的几何视错觉被命名为“蓬佐错觉（Ponzo Illusion）”。

穆勒–莱尔[①]的视觉小把戏也一样，A、B、C 三条线段长度相同，但我们的大脑却认为 A 比 C 短，C 又比 B 短。但一旦线段两端的箭头消失，其长度相同这个事实就会变得显而易见。

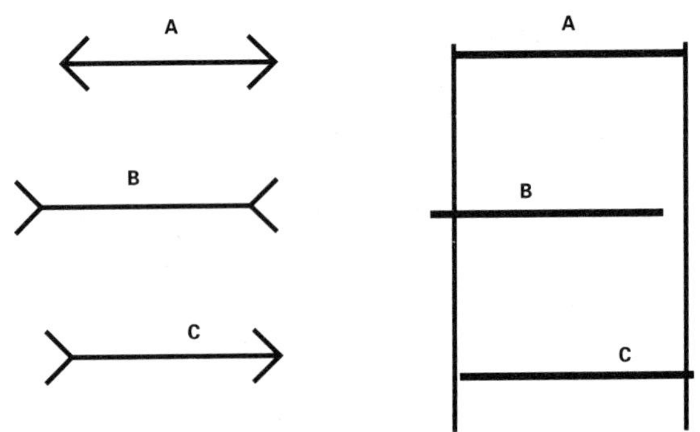

还有，谁没产生过贾斯特罗[②]的詹式错觉？同样，A 图形看上去较短，但其实 A 和 B 是两个形状面积完全相同的半月形。

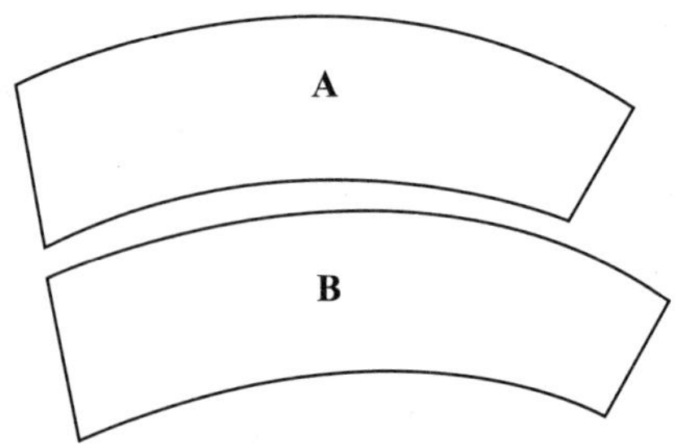

① 穆勒–莱尔（F. C. Müller-Lyer, 1857—1916）德国社会学家，1889 年发现了穆勒–莱尔错觉。

② 约瑟夫·贾斯特罗（Joseplt Jastrow，1863—1944），美国心理学家。

除去微妙的物理原因之外，还有什么原因使我们屡屡遭到大脑错误解读的愚弄呢?

有人认为，大脑需要时间才能在类似情况中做出准确判断，因此宁可对环境做出迅速的判断——哪怕是错误的判断——也比花时间做出准确判断要更为高效。这是个成本与收益间的平衡问题。这些细小的误差并不影响我们的日常生活，或者说至少我们能勉为其难地“苟活”，但容忍这些小误差能使知觉迅速做出判断，这就可以节省很多时间，并让我们更好地适应环境。

但还是得说，正因为我们是有思考能力的人类，拥有一套被我们视作标准的知觉系统，我们才提出这些问题。苍蝇眼中的外界是弯曲的，相比我们所看到的事物而言有相当程度的变形，但这丝毫不影响它们，它们甚至从中获益，能够在飞行中准确定位，因为视觉变形将外界的事物放大，使它们能更清楚地识别障碍物并在飞行中躲避它们。否则，它们的生活会是什么样的呢?话说回来，苍蝇不会像人类一样思考，因此它们大概也不会提出这类问题吧。

25 我们所感知的世界是变了形的吗？

除了供我们娱乐以外，视错觉本身具有重大意义，它让我们了解自己对视觉有依赖，而且最关键的是，它能为研究视觉原理提供素材。

的确，很少有人真的意识到这一点：人类拥有一套特殊的感知方式，但这只不过是世间存在的多种感知方式之一。我们知道，老鹰的视觉比我们更准确更远程，小猫则能在暗处看清物体。科学研究发现，小狗的视觉成像是黑白的，而蜜蜂同时看到多幅图像，但由于我们习惯于人类的感知方式，因此就认定后者为标准。

我们对环境的认识难道真的准确无误吗？如何接受被自己的感觉欺骗的这个可能性呢？

通过下文介绍的错觉，你会意识到，我们所感知到的世界很有可能是变了形的世界。

例如，有一天，在布里斯托尔的一家咖啡馆里，格里高利注意到贴在墙上的瓷砖给人一种错觉。

每一块墙砖其实都是平行的，但由于方块没有对齐，于是看上去让人感觉墙砖歪歪扭扭。如果贴砖工人把黑方块都排列得十分整齐，那大脑也就不会出错了。

德国心理学家黑灵早在150年前就对知觉现象产生兴趣，以他的姓氏命名的错觉也属于同一个现象。还是同样的原理，大脑需要同时处理多种有关方向的信息。由于有一些信息影响我们的视觉判断，而平行关系又是相对较难处理的方向关系，于是对平行关系的感知受到了影响。

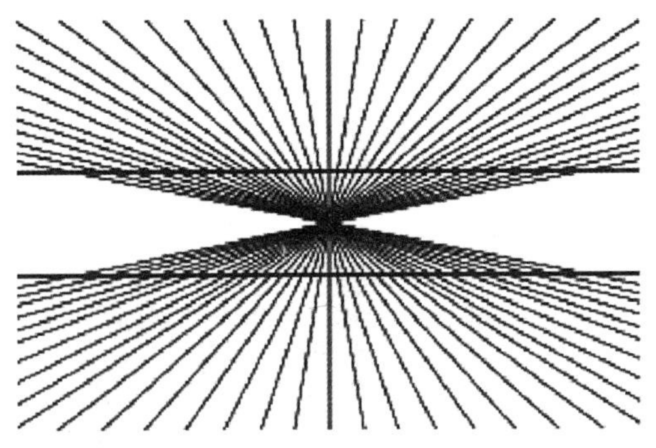

有关平行关系的错觉，最神奇的当然要数也是150年前的天体物理学家佐尔纳的佐氏错觉。

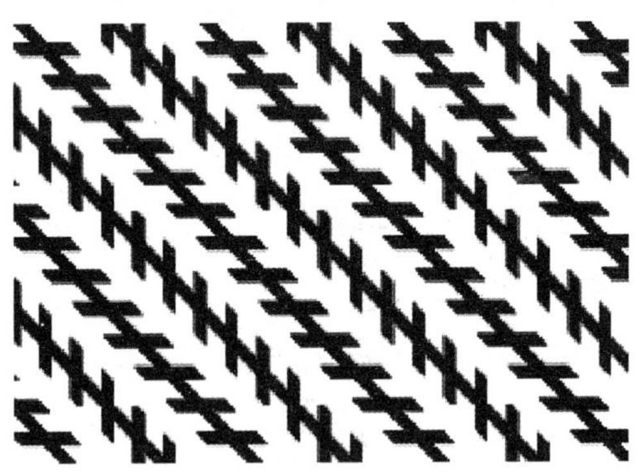

佐氏将自己的图寄给物理学家波根道夫，后者又发现了另一种错觉，依然可由同样的原理解释，只不过稍有不同。

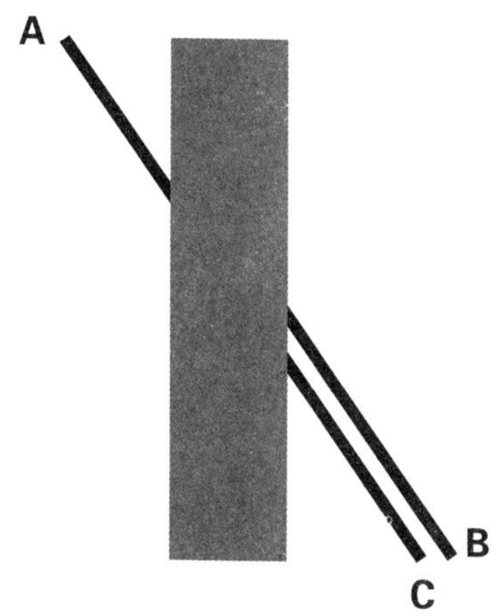

如果你用尺子比一下，就会知道A线段的延长线是C而不是B，但由于灰色矩形阻隔的影响，我们的大脑很难觉察到其中的连续性。

这种错觉效果不仅限于直线图形，圆形也如此，如弗雷泽螺旋所示，亦称“伪螺旋”。它其实由多个同心圆构成，可是我们受到其他元素的干扰，因而感觉不到同心圆。就像咖啡馆的墙面一样，同心圆周围布满斜向图形，致使视觉系统（眼睛—大脑）产生不符合事实的知觉扭曲。

最后用一个小更正来做结尾：猫能在黑暗中看清事物这种说法只是个传说！因为它还是需要极少量的光源才能看到东西。要是周围真的漆黑一片，那猫也什么都看不见，和我们人一样！

阳光下的错觉

我们的感官细胞对光线的强度也十分敏感，而大脑解读环境时会纳入这部分信息。

朴金耶效应就是基于这个原理，很容易观察到。在光线比较微弱的房间里，并排放置一张红纸和一张蓝（或绿）纸。红纸会显得暗淡。反之，如果你调高照明亮度，红纸就会比蓝纸显得更为鲜艳。

什么原因呢？

因为光线越暗淡，眼睛对蓝绿色越为敏感。而白炽灯的照射则让我们更容易觉察到红色。这就解释了为什么有时候我们觉得衣服的颜色在白天和夜晚显得不同。

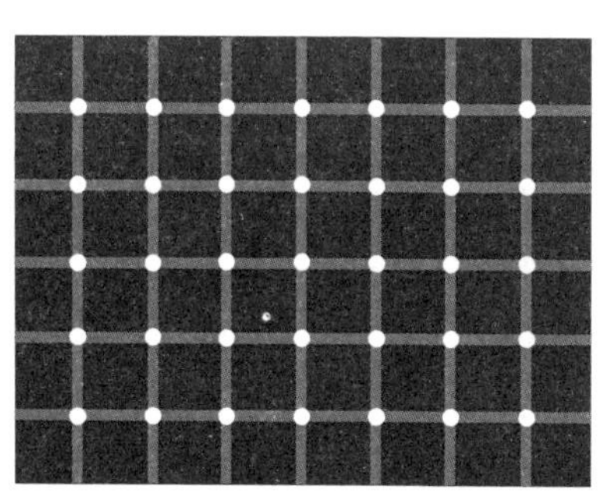

心理学家在研究视错觉时还发现了光感知中的其他效应。赫尔曼栅格错觉就是个古老又经典的例子。数一下十字交叉点中有多少个灰点，你就会了解这个效应。

很难，是吧？其实，交叉点中没有灰点也没有黑点，它们全部都是白色的。但我们需要将视网膜中心——视网膜中央凹——集中到某一点上，才能真正地观察到白点。这时，我们的外围视线看到其他交叉点，其清晰度和亮度都有别于中央凹，于是白点与黑方块以及灰色的线框混淆，在我们眼中变成了灰点。

下图中灰色的色差让人感觉图像后方有光线照射，然而你非常清楚，这页纸后面无论如何都没有灯泡。

还有，下图中灰色的长条其实是均色的，但大脑会受到外面方框中渐变灰色的干扰，而对长条的颜色做出错误的判断。

27 运动的错觉

日本学者北冈明佳是视错觉领域的专家。

我们可以在他的个人网页[1]上找到有关运动、深度、光线、色彩等方面几十种错觉的讲解。这里，为了带给你视觉享受，同时激发你的好奇心，我们暂且向他借用三例。

看第一张图，你会感觉图片中心的圆在矩形方块中不停晃动。

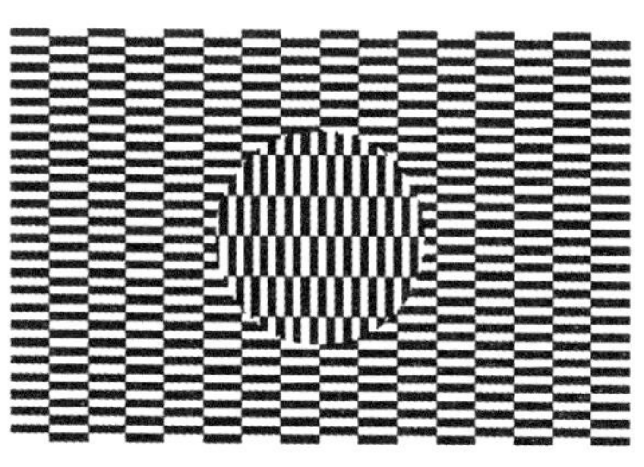

① 北冈明佳个人网页地址：http：//www.ritsumei.ac.jp/~akitaoka/index-e.html

现在，请你凝视第二张图中心的圆点，把书举得远一点然后再逐渐拉近，你会看到图中的两个圆环在转动。

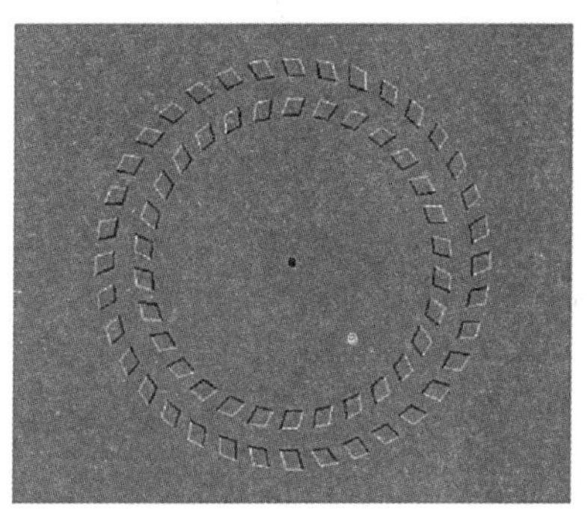

第三张图中，无论黑白方块在图片中所处的位置怎样，它们面积完全相等，但我们却会认为图片中间发生了变形。

不可能的图形

大脑在为我们的知觉寻找意义时，通常会习惯性地在二维的图片（长度和宽度）上附加第三个维度（深度）。这个问题让物理学家、数学家和心理学家感到其乐无穷，他们向世人展示了许多不可能存在的图形，如20世纪60年代绘制成功的**布利维图**（Blivet），也称作**二长方形橛的三圆柱形橛**。

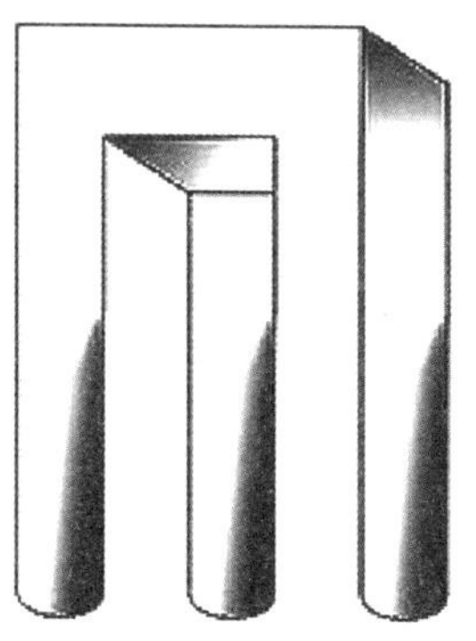

遮住图的下半部分，你看到的毫无疑问是两个支撑脚的橛；再遮住图的上半部分，你却看到三个圆柱子。两者的结合对人的知觉产生困扰，致使大脑最终认为这种视觉不可能存在。

彭罗斯三角（Le triangle de Penrose）是另一个例子。

你可以请朋友数一下下图中共有多少层架子，他会很头疼的。

这些不可能图形的错觉为许多艺术家提供灵感，其中最著名的非埃舍尔[①]莫属。这位于1972年去世的艺术家的作品中充满不可能的结构，直到今天还令世人对这些谜一般的创作惊叹不已。

① 摩里茨·埃舍尔（Maurits Cornelis Escher，1898—1972），荷兰图形艺术家，其作品多源自数学灵感。详细信息可参见http：//www.mcescher.com/。

 思想影响知觉

现在我们了解了大脑总是要赋意义于知觉，而意义需要一段时间后才能出现。这段时间有可能是处理画面所必需的，就像下面这幅酒精饮料广告中使用的图。因为大脑有一条假设，即我们看到的事物是正向的。

按照这里呈现的方向，你看到的应该是酒鬼妻子的真实面貌，而酒鬼在几杯酒下肚之后，看到的却是另一幅画面：把书转过来后颠倒的画面。问题是，一旦你辨识了这两张脸孔，就很难不同时看

到它们，另外的那张会不停地浮现，看这张图片的难度就会变大。

在一个图形里识别另一个图形需要多长时间，这个问题也会与另一个时间相关：从认知的角度识别事物所需的时间。这证明我们的思想也会影响知觉。

下面这幅图是一个典型的例子，因为要发现其中奥秘可着实得费一番劲。

老者的面容当然不难辨识，一目了然；不过，要想看出画上有一对恋人在植物拱门下拥吻，这可就得费一番工夫，集中精力去找才行。之所以这么难，是因为这对恋人不像老人的脸庞那样对称。还是让我来帮你一下吧：老者的鼻子其实是女郎的头。

30 整体等同于部分的总和吗?

心理学中很重要的一个学派研究了诸多的感知法则。那就是被普遍称作**格式塔理论**(théorie de la gestalt)的德国学派,也称作**完形理论**(théorie de la forme)。这个理论有一条大家都熟悉的公理:"整体不等同于部分的总和。"除此以外,这个理论还告诉我们,我们总是习惯性地赋形状于我们所见到的事物。格式塔理论涉及的领域当然远远超出简单的视觉范畴,但它在这方面的研究为我们带来许多有趣的例证,为朋友聚会提供闲聊话题。

为了让朋友了解我们对世界的感知究竟受哪些规律的支配,你只需要问一个问题就可以:"你看到的是什么?"

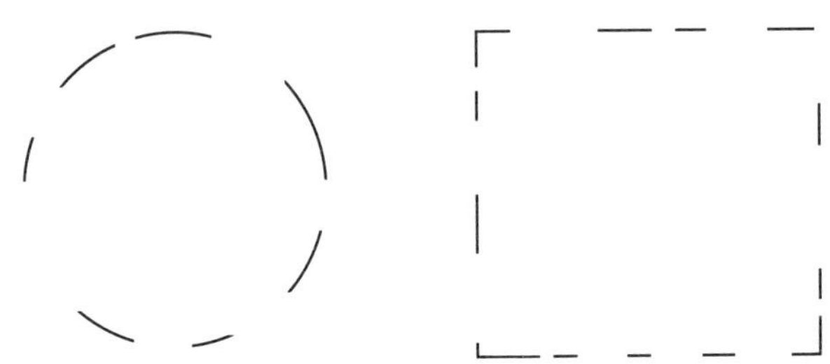

一个圆圈和一个正方形！当然是这样，他不可能回答看到了一堆虚线。这就是**封闭法则**（clôture）。大脑总是寻找简单对称的形状，就仿佛我们无法忍受事物的随机偶然性。

这条法则在卡尼莎[1]三角里表现得更为明显：这幅图的特殊之处就在于让我们看到一个其实并不存在的三角形。

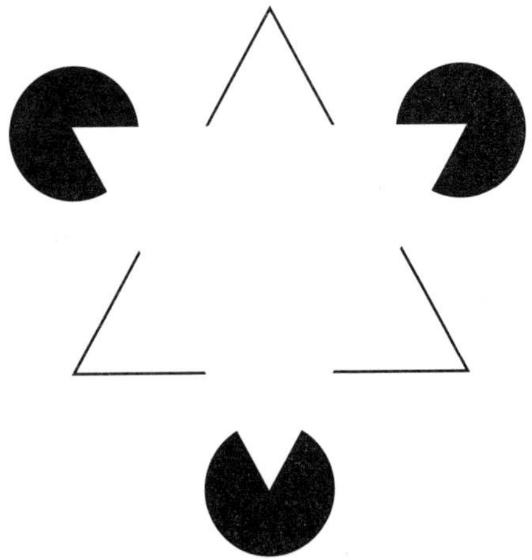

① 盖塔诺·卡尼莎（Gaetano Kanizsa，1913—1993），意大利心理学家。

下图中，你看到了什么？

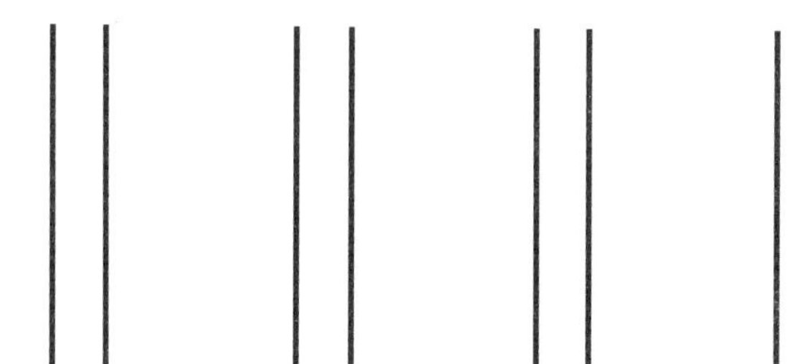

你会说"三段不太宽的竖条外加一条线段"，而不会说"一条线段外加三段宽竖条"，更不会说"七条线段"。这就是**邻近法则**（la loi de proximité）。我们总是愿意把邻近的事物组合到一起。

现在再看看这个：

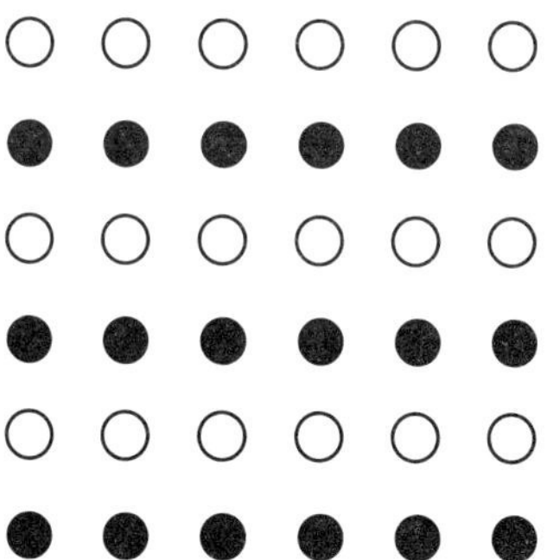

是"分别由白圆点和黑圆点构成的横列交替排列"，对吧？你不会说"许多黑白点相间的竖列"。这叫**近似法则**（la loi de similarité)。由于我们无法把有距离间隔的事物归拢到一起，我们就会寻找事物间的相同点来完成归类，这个例子中颜色就是分类依据。

格式塔心理学家揭示了许多法则，它们能更好地解释外界环境究竟怎样被人们感知并被大脑诠释，解释我们怎样赋之以意义，不论这些外界环境原先存在与否。

“大脑总是寻找简单对称的形状，就仿佛我们无法忍受事物的随机偶然性。”

31 有意义的画面更强势

无需借助感知错觉，格式塔学者同样向我们展示大脑怎样赋意义于接收到的信息。

鲁宾花瓶 (Le vase de Rubin) 就是最好的例证。下图中你首先看到的是什么?

花瓶？再仔细看一下你就会看到两张相对的侧脸。要是你先看到的是人脸，那你只需稍加观察就能发现花瓶。对于大脑而言，它的任务是从背景中辨识出图形。背景究竟是黑是白？根据我们无意识做出的回答，我们得到的图形会不同。我们赋予它的意义也由此而不同。

同样，在下面这堆黑点中，你能看出点什么奥秘吗？

让我来告诉你答案吧！这幅图中有个动物（比如猫），它窜到另一个动物（比如狗）或一个毛绒玩具的身上！现在，你肯定看得比刚才清楚多了。而且，具有意义的图像会从此占据你的脑海，挥之不去。你再也不能回到初始状态，只看到一堆无序的黑点了。

其实这就是我们不管多大年龄都酷爱干的那件事：躺在草坪上，看着空中的云彩，找它们的形状。这就不容置疑地证明了一点：从知觉的角度而言，整体并非等同于各部分相加。

知觉并非对一切都一视同仁

20 世纪 80 年代期间，一位名叫特雷斯曼（Treisman）的心理学家还特别研究了另一个现象。

让你的朋友看这四个象限，让他们以最快速度从中找出不和谐的图形。注意按 A、B、C、D 的顺序依次给他们看。

在 A、B 两个象限中找不一致的图形比在 C、D 中找要容易得多。在 D 中，没有小尾巴的那个小圈十分隐蔽，但其实 A、C 中不一致的图形处于象限的同一个位置，B、D 中也一样。

事实上，知觉是分步骤的。我们将发生最迅速的感知称作**先注意步骤**（étapes pré-attentionnelles），这期间事物的特征能在意识做出反应之前极快地映入眼帘。B 象限中多出来一个带小尾巴的小圈，以及 A 象限中开口的小圈就是这样被我们迅速发现的。其余的特征

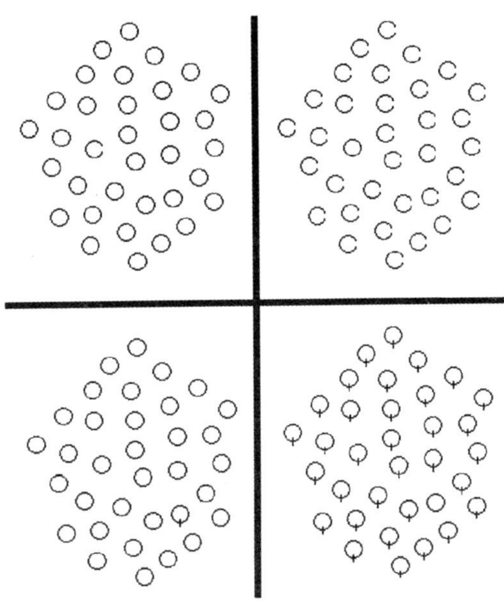

需要集中我们的注意力才能被觉察，比如 C 象限中的闭口小圈以及 D 象限中缺少尾巴的小圈。

由此可见，添加和缺少、闭口和开口，在感知过程中的地位不一样，它们需要的注意力也不同。如果没有任何特征能迅速进入视线，那我们要完成的任务有时就相当于大海捞针。

关注和学习

33 信息不协调，大脑也犯难

一旦接收到信息，我们的大脑就对它们进行处理，在这个处理的过程中，大脑会对不同信息进行综合考虑。不过有的时候，这些信息之间并不协调，也就是说，许多相互矛盾的信息会同时进入我们的大脑，这时大脑就必须全力应付了。

比如说，如果有人笑着跟我们说他很悲伤，我们就会觉得很奇怪。斯特鲁普[①]利用这种对同时出现的不协调信息的处理进行了一个非常有趣的实验，这种现象也以他的名字命名为**斯特鲁普效应**(Effect Stroop)。

让你的朋友用最大的声音读出下面颜色的名称。给他们计时，

① 约翰·里德利·斯特鲁普(John Ridley Stroop，1897—1973)，于1935年首次提出斯特鲁普效应，该实验可用来评价抑制习惯性行为的能力。

并记下他们犯了几处错误。

蓝	红	绿	黄	红
黄	绿	蓝	黄	红
红	蓝	黄	红	绿
红	蓝	绿	黄	蓝
蓝	黄	蓝	红	绿

这并不是很难，他们会很快完成，并且不犯任何错误。现在，让他们重新做这个测试，但是表格中的字要用彩笔写(比如用绿笔写“蓝”字，蓝笔写“红”字，黄笔写“绿”字，红笔写“黄”字。)

这次要难一些了，但花上点时间，还是能做到的。

最后，还是使用那张彩色的表格，让他们以最快的速度高声说出每个格子内字的颜色，再次记下他们用了多少时间，犯了多少错误。

这回你的朋友们肯定犯了很多错，要么就是用了很长时间，要不然就是干脆既用了很长时间又犯了很多错误。这是为什么呢？你肯定想到了，是因为两个不一致的信息被同时传递给大脑，大脑不得不进行选择。绝大多数时候，大脑更倾向于选择文字传递的信息，而放弃对文字颜色的感知。于是，冲突产生了，而这种冲突就恰好反应在犯的错误和完成任务所用的时间上了。

可以想象，分辨文字的含义比分辨颜色需要更多的认知努力，这也就是为什么文字所传递的含义要比对颜色的辨认更容易受到影响。

> *“当两个不一致的信息被同时传递给大脑时，大脑在选择时会更倾向于文字传递的信息。”*

阅读并非难事

在斯特鲁普效应实验中，我们发现我们的大脑会优先选择文字所传递的信息。由此，我们很可能会认为阅读需要很大的努力才能完成，并不是一种自动的行为。

但是，一系列实验却从不同角度证明，阅读是一种具有高度自动性的现象，但同时也是一种在心理学上十分奇特的现象。

阅读的自动性使我们很难用主观意志来控制它，要证明这一点，你只需要把这页书交给一个朋友，并事先告诉他，无论如何千万不要看写在方框里的黑体字。

卡车

你的朋友肯定没办法做到不去看上面方框里的字！这就是他没法用意志控制阅读行为的证明。一旦我们的眼睛看到了文字，我们的大脑就会搜索一个词和它匹配。其实几乎所有人都会有同样的反应。当然，如果一个人不识字，或者他的母语是外语，那么他面对自己不认识的语言文字就不会这么敏感。这就像刚刚学习识字的孩子一样，孩子们需要花上些功夫才能辨认不同的词，所以他们反而可以控制自己不去阅读某个词。

对于一个熟练的阅读者，或者说一个阅读专家来说，阅读并不是件难事，所以我们没有办法控制它。

> “阅读是一种具有高度自动性的现象。”

35 为什么阅读中有些字母会躲起来？

阅读的自动性可以解释很多现象。

让你的朋友阅读下面框中的句子，数一下里面包含多少个字母“D”。

DE LA DÉTERMINATION DE LA
DEMANDE DE LA RECHERCHE DE
DIFFÉRENCES ENTRE DEUX DÉDALES
（对寻找两个迷宫之间不同点的要求的确定）

你的朋友们可能只能找到 9 个或 10 个，很少有能找到 11 个的。这是因为单词“DE”（……的）中的字母“D”往往被忽略掉了。

这个效应也可以用英语句子来证明。让你的朋友阅读下框中的英语句子，并数一下有多少个字母“F”。

FINISHED FILES ARE THE RESULT
OF YEARS OF SCIENTIFIC STUDY
COMBINED WITH THE EXPERIENCE
OF YEARS
（完成的书面文件是科学研究加上多年经验的结晶）

他们可能会数出 4 个或者 5 个字母“F”，但很少有人能一下子就找到 6 个。

我们对阅读都很精通，也就是说我们不需要一个个分析字母的排列就可以找到单词的含义。因此，我们泛读整段文章，在里面搜寻有具体含义的词，而忽略只具有语法含义的词，比如冠词和连词。所以，法语文本中的单词“DE”和英语文本中的单词“OF”就很容易被跳过。借助特殊的摄像头，我们可以在实验中分析眼睛的运动，这样的实验也能够证明，我们用来分析这些虚词的时间远远少于其他的词语。

与之相反，如果我们让正在识字的孩子来数出句子中的字母“D”或“F”，他们可以毫不费力地给出正确的答案。但是，如果让他们说出这些句子的含义，那就要难得多了。他们这种不熟练的语言分析是通过字母的排列来进行的，而不是通过词的整体含义。

36 为什么阅读中有些单词隐形了？

有时候，语法标记对于语句意义的传达作用非常小，在阅读时甚至会完全被我们忽略掉。

看看你的朋友里还有没有谁没有被你的小实验弄得抓狂的，让他们快速地读出下面两个句子：

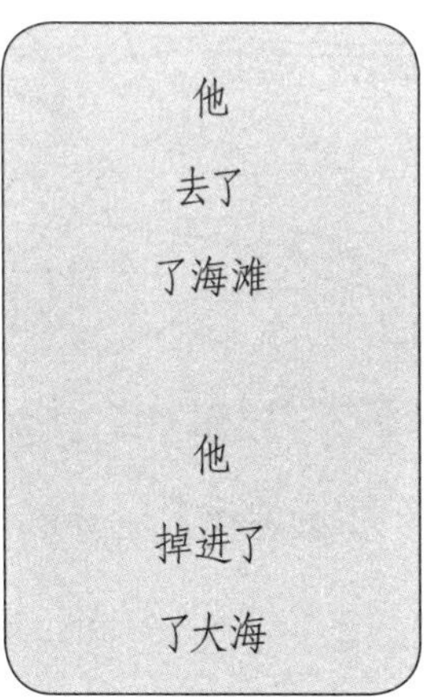

现在，再让他们慢一点读这些句子。他们可能始终没办法发现自己错在哪了，那就告诉他们，他们没有连着读两遍“了”这个字。

重复的语法标记被不知不觉地忽略了，我们的大脑总是舍弃不太重要的成分，优先分析句子整体的含义。

37 为什么我们可以理解面目全非的词语？

我们阅读时是依靠句子的含义而不是句子的实际形式，拼写错误也可以证明这一点。在我们面对完全错误的拼写时，比如说，我们正在阅读一个小学一年级孩子的作文，我们在阅读的时候是可以理解这些混乱的字母组合的，因为在寻找它们含义的时候，我们利用了上下文。不过，一旦这些字母组合离开了它们存在的语境就没有任何意义了。

看到“贵子”、“一快”或者“一背”这样的词，如果没有语境，我们会觉得它们根本不是词汇。但是，如果知道了这是一个六岁的孩子写在一个句子里的词，这些莫名其妙的词似乎就具有了意义，我们就有可能理解这些文字要表达的意思，并接受这些拼写其实是有含义的这一事实。

> Le peti garson apri un morso deux cho cola
>
> den le platcar éla mangé avé qu'un ver delè.
>
> （小男孩从贵子上拿了一快桥克利，就着一背牛奶吃了。）

不需要花费太多努力，你就能明白，这句话要说的是："Le petit garçon a pris un morceau de chocolat dans le placard et l'a mangé avec un verre de lait."（小男孩从柜子上拿了一块巧克力，就着一杯牛奶吃了。）

这个例子提醒了我们一个常常被遗忘的事实，字母文字首先是语音的载体，语音被逐一对应地转换为文字，在阅读时，文字再被我们重新转换为语音。文字当然是有规则的，这些规则方便了我们的阅读，并且有助于更好地传达含义，但归根结底，文字只是一种用来记录的形式。文字也可以用来记录自己不会说的语言，但是这样一来这种语言表达的含义就消失了，只剩下读音。

下面这段文字也可以证明我们前面提到的现象。这个例子告诉我们，在我们看到一个词的时候，一般来说我们的视线不是真的从左至右一点点地扫过，而是接收整个词语，我们会首先把注意力集中在词的开头和结尾两端来确定词汇。所以，我们首先看到的是首末两个字母。

快速阅读下面的文字，不要停下来认真看每一个词。

Sleon une édtue de l'Uvinertisé de Cmabrigde,
l'odrre des ltteers dnas un mot n'a pas d'ipmrotncae,
ce qui cmptoe, c'est que la pmeirère et la drenèire soeint
à la bnnoe pclae. Le rsete peut êrte dnas un dsérorde ttoal
et vuos puoevz tujoruos lrie snas porblème. C'est prace
que le creaveu hmauin ne lit pas chuaqe ltetre en elle – mmêe,
mias le mot cmome un tuot et lui dnnoe une siignficatoin.
Bnone nvoeulle puor les nlus en otroharpghe...

Aoccdrnig to a rscheearch at Cmabrigde Uinervtisy,
it deosn't mttaer in waht oredr the ltteers in a wrod are,
the olny iprmoetnt tihng is taht the frist and lsat ltteer
be at the rghit pclae.
The rset can be a total mses and you can sitll
raed it wouthit porbelm.
Tihs is bcuseae the huamn mnid deos not raed
ervey lteter by istlef,

but the wrod as a wlohe.

Amzanig！

（根据剑桥大学的一项研究，

一个单词之中字母的顺序并不重要，

重要的是单词的首末两个字母要在正确的位置。

单词中的其他字母即使是完全混乱的，

我们仍然可以进行阅读。

这是因为人类的大脑并不逐字进行阅读，

而是把词语看作一个整体来理解其中的含义。这真是太神奇了！）

对于那些总是犯拼写错误的人，这可是个好消息！

但是，单词之间必须使用空格隔开，这样可以构成不同的语义单元。如果没有这些空格，上面一段文字开头的句子就变成这样："sleonuneédtue del'uvinertisédecmabrigde"，要想理解这句话就很难了。所以，逗号、句号之类的标点符号和大写也非常重要，因为它们能帮助表达语句的整体含义。

我们还会发现，即使句子里省略了一些字，我们仍然能够正常阅读。比如看到"睡了，安，回见"这样的一条短信，大家都能理解它的意思。

38 理解走在阅读前面

我们已经证明，我们理解的内容要多于阅读到的信息，这跟之前我们已经验证过的记忆的特性是相关联的。词语以拼写作为代码记录在我们大脑的词汇库里，但是这种拼写代码可以是模糊的。

当我们快速阅读的时候，会结合上下文，在大脑的词汇库里搜索与我们接收到的信息最接近的词。

阅读时，我们读文章里的词语，但并不需要从头看到尾。我们可以通过小实验来验证一下：向你的朋友依次读出下面的词语提示，让他们根据每个单词开头的几个字母来补全整个词。

1) CA… MA… BL… CL…

2) CAN… MAM… BLI… CLA…

3) CANA… MAMM… BLIZ… CLAV…

4) CANAP… MAMMI… BLIZZ… CLAVE…

第一行的单词可以补全为很多不同的词汇：

cartable（书包）或 cambrioleur（入室盗窃犯）；

maçon（泥水匠）或 malade（病人）；

blanc（白色）或 blatte（蟑螂）；

clairon（军号）或 cleptomane（有偷窃癖的人），或者其他的词语。

第二行就缩小了词语的范围，比如：

Canada（加拿大）或 cancan（康康舞）；

mamie（奶奶）或 maman（妈妈）；

blindage（挡板）或 blindé（装甲的）；

clavette（销子）或 clavicule（锁骨）。

第三行继续缩小可能性，Canada、mammouth 或 clavicule 还有可能被选中，但 cancan 和 cleptomane 已经被排除了。“BLIZ”可以确定是 blizzard（暴风雪），因为这是唯一的可能。

到了第四行，“CANAP”变成 canapé（长沙发），“MAMMI”应该为 mammifère（哺乳动物），“BLIZZ”只能是 blizzard，“CLAVE”

很有可能是 clavecin（古钢琴）。

这就是可能做出的选择。有时，像 blizzard 这个词的情况一样，只有一种可能的选择，但更多时候，我们进行选择是因为某种选择可能性更大。“CLAVE”也可能是 claveciniste（古钢琴师）或者 clavetage（键固定），但是在日常用语中，它们的使用频率要远远小于 clavecin，所以，clavecin 就是最好的选择。（况且不是所有人都认识 clavetage 这个词。）

我们在阅读上是很讲究效率的。首先，通过很少的几个字母，我们就能猜到单词；其次，我们优先选择语言中更常用的词。这些都可以在阅读的过程中再慢慢验证。

词语是出现在上下文语境中的，因此可能出现的词就被限定住了，这也可以反映出我们前面提到的效应。不信的话，你可以让一个朋友来补全下面不完整的句子。

他今天洗澡的时候是**早**……

他去市场买了些**食**……

他起了个大早去**工**……

你的朋友会猜测丢掉的词是“早上、食物、工作”，这是非常符合逻辑的猜测。其实还有很多以相同的字开头的词，比如说“早点、食堂、工人”，但如果把这几个词放到上面的句子里，句子就没有任何意义。

我们可以做得再夸张一点，只留下要被猜的词的第一个字的拼音声母——这时你再去考你的朋友们，结果肯定是一样的。可能有些朋友不想填上些太小儿科的词，故意找茬说是“早高峰、食用油、工人体育馆”，等着看你窘迫的样子。但即使这样，也不影响你的小实验，因为你会发现，当他们要这些小把戏的时候，要多花不少工夫，用的时间相应地就变多了。

他今天洗澡的时候是（Z）……

他去市场买了些（Sh）……

他起了个大早去（G）……

上面这几个句子里缺少的内容已经很多了，但是我们还是可以进行阅读。

39 阅读其实不简单

对于我们这些早已过了小孩子年纪的阅读专家来说，似乎所有的阅读都是自动的，但是很多时候，对文字的理解仍然需要我们付出认知上的努力。“我叔叔的儿子的哥哥是个白痴！”这句话看起来说得很明白，但肯定要反应一会儿才能想清楚，原来我说的那个白痴是我表哥。这是因为我故意用了一种很复杂的表达方式。我所说的这个人，也就是我表哥，因为这种表达方式，变得不那么一目了然了。相反，如果我这样说话，那就很容易明白了：“书在桌子上。”或者这样说：“书不在桌子上。”但是现在，如果我正看着桌子，清楚地知道书到底在不在那里，那么我在说上面这两个句子时，肯定有一个说起来就不那么容易了。

想验证一下吗？找来一个朋友，跟他说一些句子，然后给他看相应的图画，让他快速地判断句子是否和图画相符，然后回答“正确”或“错误”。在这个过程中，你向他一个个地提出问题，然后用秒表记下从给他看图片到他做出回答之间所用的时间。计时的时候可不要掉以轻心，你的朋友用的时间肯定不会太久。

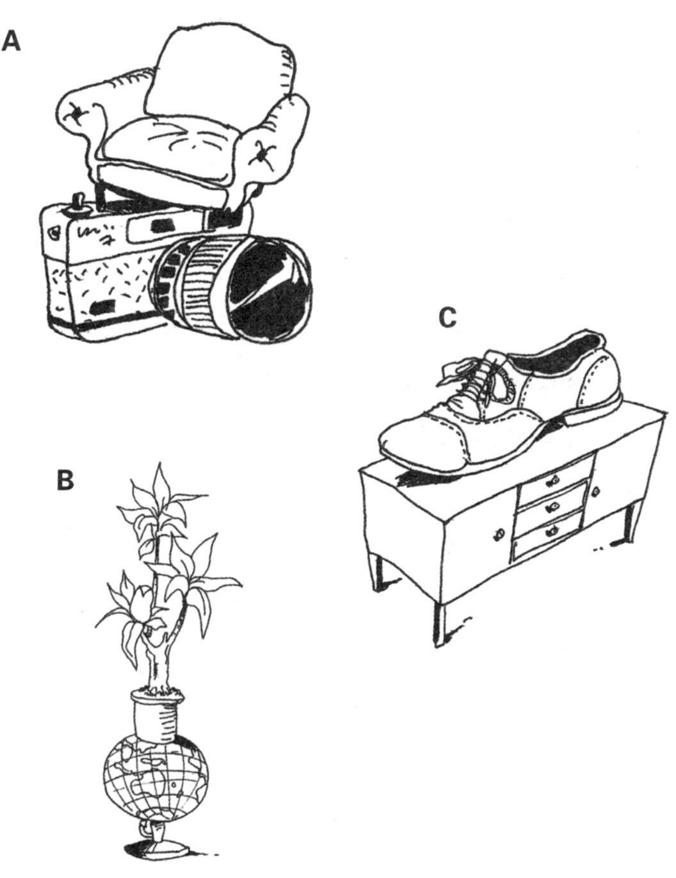

D

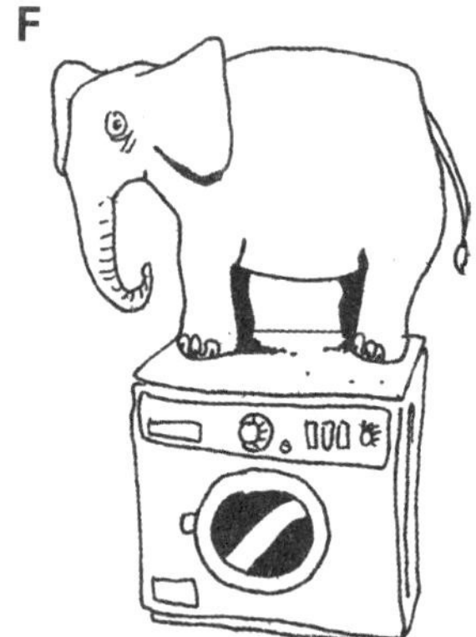
F

E

问题	对应图片	回答用时
AV—沙发在相机上面	A	
AF—柜子在鞋子上面	C	
NV—楼房不在电话机上面	D	
AV—植物在地球仪上面	B	
NF—外星人不在吸尘器上面	E	
NF—鞋子不在柜子上面	C	
AF—相机在沙发上面	A	
NV—洗衣机不在大象上面	F	
AV—鞋子在柜子上面	C	
NF—植物不在地球仪上面	B	
NV—相机不在沙发上面	A	
AV—电话在楼房上面	D	
AF—洗衣机在大象上面	F	
NF—沙发不在相机上面	A	
AF—地球仪在植物上面	B	
NF—楼房不在电话机上面	D	
AV—外星人在吸尘器上面	E	
NV—柜子不在鞋子上面	C	
NF—大象不在洗衣机上面	F	
NV—吸尘器不在外星人上面	E	
AF—电话机不在楼房上面	D	
NV—地球仪不在植物上面	B	
AV—大象在洗衣机上面	F	
AF—吸尘器在外星人上面	E	

现在把标记着AV、AF、NV和NF的四类问题所用的时间分别加在一起。

你会发现，不出意外的话，回答所有标着AV的问题的时间要少于标记着AF和NV的问题，AF和NV两种问题所花的时间几乎是相同的，而回答标记NF的问题花费的时间最多。怎样来简单分析一下这个结果呢？

标记着AV的问题都是肯定句，答案都是“正确”，这是最简单的情况，我们几乎不需要有什么认知上的努力就可以回答出来。对于看到的图画和听到的句子，我们头脑当中形成的画面是一致的，所以判断起来就不用花太多的时间。

AF类问题都是肯定句，而答案是否定的。我们在听到句子后在头脑中形成一幅画面，然后我们把它和图画作对比。回答“正确”是一种自动的反应，而回答“错误”却需要努力搜寻答案，因此花的时间也就多一些。NV类问题都是否定句，答案却是肯定的，这也需要多花些时间。面对这类问题，我们的大脑自动产生肯定答案，但是为了使语句和图画相对应，我们必须在头脑中把句子进行“转换”——把“相机不在沙发上面”转换成“沙发在相机上面”，把否定叙述转换成肯定叙述来和图画进行比较，这需要花些时间。

你可能已经想明白了，标记着NF的问题都是否定句，答案也是否定的，这就既需要句子的转换，又需要改变大脑自动产生的“正确”的答案，所以这些问题最难，花的时间最多。除此之外，你肯定也能注意到朋友们面对这些问题时有些犹豫，没准还会犯上几个错误。

但说实话，即使相比之下要多花上那么一点点时间，但是要判断出“吸尘器不在外星人上面”是对的，其实也并不是很难。

“*在很多时候，对文字的理解仍然需要我们付出认知上的努力。*”

熟练做事成自然，干扰一来亦慌乱

心理学家认为阅读是具有高度自动性的，因为对于熟练的阅读者来说，阅读不需要太多的努力，不需要主观意识来控制阅读的开始，我们也没办法自由地让它停下来。对于那些关注人类行为的科学家来说，这种自动性令他们非常感兴趣，因为这可以帮助他们预测人的行为——一门科学的终极目的就是对尚未发生的事物进行预测。

你还可以观察到其他一些与阅读类似的、具有自动性的现象。比如说，绝大多数人走路是自动进行的。同一个人迈出一步的距离一般是相同的。如果你仔细观察，你就会发现，一个人在过斑马线时，总是先迈出相同的一只脚。跳远运动员也有类似的习惯，他们在起跳时重心总是在同一只脚上。我们可能都没发现，为了在过斑马线时先迈出我们习惯的那只脚，我们甚至会提前调整步子。如果我们没能调整到在过斑马线时习惯先迈出的那只脚，我们会感觉怪怪的，好像有哪里不太对。上楼梯时也是类似的情况。

同样的道理，几个人并排走的时候，他们会下意识地把步子调整到一样的频率。下次如果你和朋友一边交谈一边一起走着，你会发现你们迈步的频率是一样的，你可以试着改变你迈出的某一步，比如说悄悄地迈出一个小小的步子，你会发现，你的朋友也会下意识地调整步伐。

开车也是件自动进行的事，如果说新司机还需要全神贯注地开车的话，一个老司机却可以一边开车，一边听音乐，跟车里的其他人交谈甚至刮胡子。但是，因为没有完全专心地开车，他还是可能会犯错误。一旦有什么事打断了司机下意识的驾驶，他的注意力越分散，越有可能出错。这就是为什么开车时打电话是非常危险的。你还可以观察一下当我们试图控制别人的自动行为时，这些行为可能会受到怎样的干扰。你可以让一个司机一边开车一边描述他正在做什么。（不要在驾驶教练身上做这个测试，因为他们除了开车之外还有其他普通司机不具有的自动行为，这可能会影响结果。）当司机在努力完成你给的任务时，他可能更容易忘记开转向灯，或者虽然记得开转向灯，却不小心忘了换挡。不过这个小实验有些危险，最好不要乱尝试。

我们能一边舔胳膊肘一边笑吗?

一些自动行为是受**条件反射**（réflexe）控制的，我们也可以利用它来做些有趣的小实验。比如说，你可以找个人，让他两分钟之内不眨眼睛。不出意外的话，你会发现他连一分钟都坚持不了，因为眨眼是由他的身体控制的，而不是他的意念。眼睛需要保持湿润，眨眼是一种条件反射。尽管如此，他肯定会一次次地尝试，拼着命地要做到两分钟不眨眼。后面这个现象就跟条件反射没有一丁点儿关系了，这是人的本性在作怪——人总是会尝试去做别人说他做不到的事。

再找另一个人，告诉他，人没法睁着眼睛打喷嚏，他肯定会睁着眼睛模仿打喷嚏的样子来证明你说错了。你可以告诉他："没错，你现在可以睁着眼睛做出打喷嚏的样子，但是等你真打喷嚏的时候，你肯定要把眼睛闭上的！”

还有更好玩的，在聚会的时候，跟大家说，人没办法舔到自己的胳膊肘。大部分人肯定立刻尝试起来，一方面要验证这到底是不是真的；而另一方面，也是在全力证明你说的不对。看到了吧，你又把他们的好胜心给勾出来了！

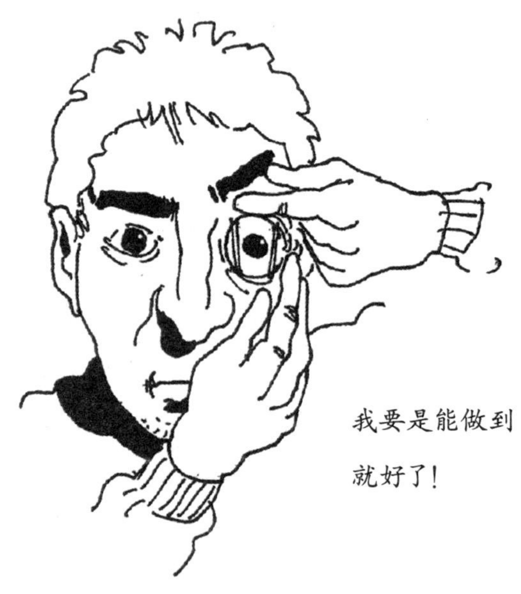

接下来，你可以让你的朋友们试着用一根羽毛在自己的下巴上或者干脆在自己的脚底挠自己痒。被人用羽毛弄痒，简直就是一种酷刑啊！但是，他们试过之后什么也不会发生，他们没法自己把自己弄痒。但如果你一把抢过羽毛，开始痒痒他们，羽毛还没碰到他们，他们就已经求饶了。为什么呢？这是个关于提前揣测和预想的问题。当我们自己挠自己痒的时候，我们没有任何预先的揣测，一切都是在我们掌控之中的，至少我们确定我们可以随时停下来。但如果是别人来挠你的痒，可就完全不是这么回事了。

“人总是会尝试去做别人说他做不到的事。”

一心不可二用

让你的朋友站在桌子前，在他们面前放一张纸一支笔，让他们用最漂亮的字体在纸上写上一个大大的连笔的“永”字，占满整张纸。你可以观察到他毫不迟疑，行云流水般地写出了漂亮的书法。

现在，让他们膝盖弯曲，抬起一只脚，用脚在空中以逆时针方向画圈。他们也能毫不费力地完成。

再给他们一张纸，让他们拿起笔，继续用脚画圈，同时再次在纸上展示他们精妙的书法。

怎么样，他们做不到了吧！他们要么就是有那么一会停下了用脚画圈，要么就是弄反了脚画圈的方向，写出来的字也没有之前漂亮了。这是因为，虽然这两种活动都不需要太多的认知努力，但是它们使用的是同一种动作处理方式。这就好像伸出两只胳膊，一手画

圆，一手画方，太难做到了。要想学会这种本领需要经过一定的训练——习武不辍的周伯通、郭靖和小龙女是能做到的。

一心二用有没有秘籍?

用腿画圈同时写字的例子证明，一个人不同的行为之间是会互相影响的。

从生理学领域到心理学领域，对这个现象可以有很多种解释。大家一直公认，用来处理信息的大脑资源是有限的，当我们要同时处理很多信息的时候，所有信息需要争夺这些大脑资源，当这些信息的内容存在共同点或者相似点，需要把注意力集中在相同或类似的领域时，这种争夺就变得更为明显。比如，几种听觉行为、几种视觉行为等等。这就是为什么我们很难同时谈论不同的事，很难一边看懂一部电视剧一边跟人交谈，注意力的共享影响了任务的完成。

为了更好地理解这个现象，你可以准备一张纸，上面写满随机排列的字母，就像下面这些一样。

b d c f h y e s a q z d f g u j o l k n g t r f c s x d e r g t y h m p l k

n b f e t n g h u t y h s z d e r t g v k u p m l k b c x q w s z a q s e

t y u g f v h j i h r t o p q f k y n j o f g c x z t g y i k j u p m h d f b

你再去找些朋友充当实验的小白鼠。（下面的步骤即使顺序颠倒，结果也是一样的。）首先，你让他们在辅音字母下方画线，用圆圈圈出元音字母。给他们两分钟的时间在纸上涂涂画画，最后数一下，看看他们犯了多少错误。

休息一会儿之后，让他们重新做一遍，但这次除了在辅音字母下画线、用圆圈圈出元音字母之外，让他们在听到你说“嘟”的时候在正在看的字母上画叉。开始计时之后，在时间到达下面的秒数时说“嘟”：4、8、10、15、22、26、31、37、44、51、56、59、66、73、79、83、91、95、101、107、110、115，等到满 120 秒时，喊“停”让他们停下来。

再休息一会儿后，再让他们重新做一次，但是这次，让他们在听到你说出一个偶数数字时给正在看的字母画叉。开始计时之后，根据下面的顺序每秒念出一个数字：15、43、11、22、55、77、87、34、67、10、17、65、93、13、54、67、81、99、85、23、45、66、29、47、67、2、53、97、51、49、48、33、55、63、89、7、88、15、27、65、57、9、13、44、31、7、57、53、29、1、98、33、

71、35、83、36、7、11、40、73、85、57、87、99、13、66、39、27、75、53、17、95、58、37、55、63、51、27、48、97、83、51、84、65、15、7、65、33、97、13、28、53、5、73、96、43、27、39、17、43、60、71、49、83、51、27、78、63、51、10、21、87、45、27、16、37、53、49、11、53，念完后让他们停下。

当他们只需要画出辅音字母和圈出元音字母的时候，记下参加实验的朋友们完成的字母数用来作为参考。在你喊“嘟”的那次测试时，他们完成的字母数要减少很多，而且还会犯不少错误。我们承认画 22 个叉确实要多花点时间，这肯定使他们少画了不少字母。实际上留心“嘟”声不需要什么认知或注意力上的努力，所以给字母分类和画叉之间不会互相影响。在第三种情况下，虽然画 22 个叉这些动作用的时间和第二种情况下是一样的，但是确定偶数并画叉却需要更多的注意力，这就在少画的字母和多犯的错误上体现出来。这时，同时进行的两个任务需要更多的注意力资源，成功率也就相应下降了。

心理学家对这个现象做了很多研究，因为它极为重要。对于某些需要长时间保持注意力的重复性工作，比如空中交通管制员，这个现象可是关系到工作过程中的效率问题和安全问题呢。

> “注意力的共享影响任务的完成。”

 五角星，大难题

对于一个相对简单的任务来说，注意力和效率还有可能被别的因素影响。

关于这个问题，心理学上有一个有趣的经典实验——“颠倒的五角星”。这个实验做起来很简单，让朋友用笔画一个右侧这样的五角星，用秒表记下他用了多长时间，数出犯了几处错误。

怎么样？他肯定不费吹灰之力就做好了吧？不过别高兴得太早，难的在后边呢。

现在，在画纸旁边立一面镜子，然后拿一张纸盖住朋友的手，确保他只能从镜子里看到自己的手在做什么。对他来说，这比之前

要难多了，肯定要多花上些时间，还可能要犯些错误，很明显，眼睛和手之间的协调上出了些小问题。

如果在他画这个颠倒的五角星的时候，你让他讲个故事，或者回答“23 + 48”这样的简单加法，你会发现他画五角星要花更多的时间，犯更多的错。

同时进行很多的任务不是那么容易的，他必须把自己的大脑资源分配给要进行的几项任务，这就导致他要花更多的时间，犯更多的错误。一旦出现干扰，像画五角星这样的任务就不再是自动的行为了。

你要是还想用“颠倒的五角星”实验找更多的乐子，那就在聚会开始时找人来做这个测试。等喝了两三杯酒之后，再让他们重做一遍试试。多花的时间和多犯的错误就很能说明问题了。没准他们还能就此明白，虽然一两杯酒还不至于让人失态，但酒精的作用在任何时候都不是闹着玩的。等到聚会结束酒瓶空空的时候，看看谁还坚持着没躺到桌子底下，再让他做一次这个测试吧！

> *“当我们需要把大脑资源同时分配给几项任务时，往往要花很多时间，而且会犯不少错误。”*

45 作茧自缚

在你让朋友做“颠倒的五角星”测试的时候，没准会有人想出个绝妙的解决办法。他画出一个圆，借助这个圆找出五角星的每个顶点，然后一笔画出一个五角星。他可能只犯那么一两个小错误，而且画得特别快，即使喝了酒也没太大影响。这个办法是完全正确的，因为你并没说这样做是不行的。不过，估计没有几个人能想到可以这样做，我们几乎一点都没考虑过其他解决方式。在处理问题的时候，我们给自己设置了障碍，强加了限制。我们总是没办法把问题看作一个整体，没办法把所有要素结合起来思考，所以很难想出更有效的解决方式。

我们可以通过很多有趣的方式来证明这一点。

找个人，让他用三条线画出一个矩形。他会想一会儿，试着画上几笔，但很快就放弃了。他几乎不会想到其实可以像这样画：

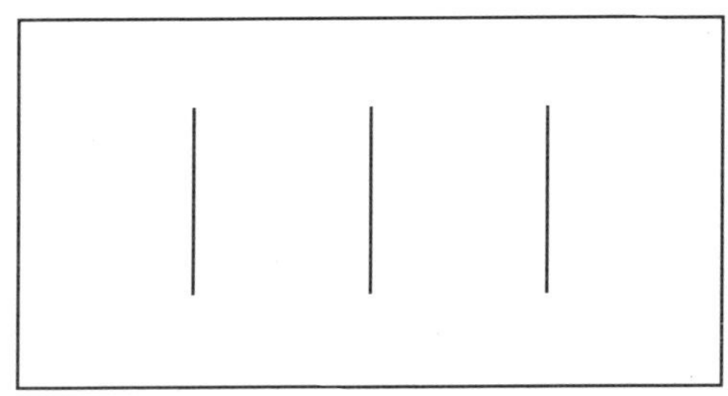

这说明我们总是把问题想复杂，找不到解决办法。还有一个例子也说明我们的这种倾向。

找个人来回答下面的问题。事先告诉他，问题会越来越难。

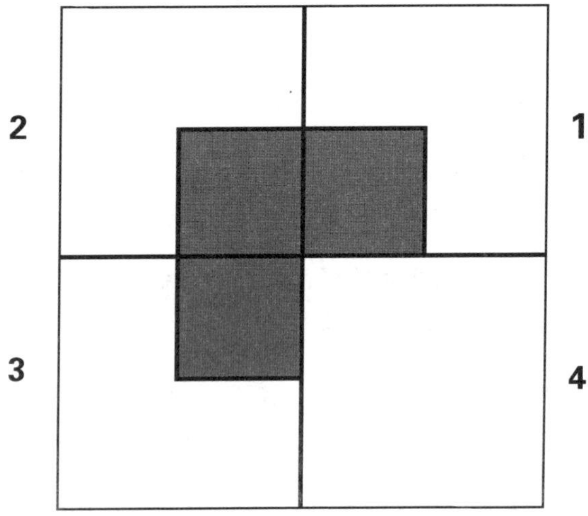

在这张图里，首先要把 1 号正方形里白色的部分平均分成面积相等的两部分。这很简单。做完之后，再把 2 号正方形里白色的部分分成面积相等的三部分。这要花些时间了，但还是做得到的。等你再让他把 3 号正方形里白色的部分平均分成面积相等的四个部分的时候，他可能就要开始抓耳挠腮了，也许需要你来告诉他答案。最后，你再让朋友们把 4 号正方形里白色的部分分成七个面积相等的部分，大部分人干脆就直接放弃了。但是看看下图中方块 4 的答案，其实不是太难，是吧？

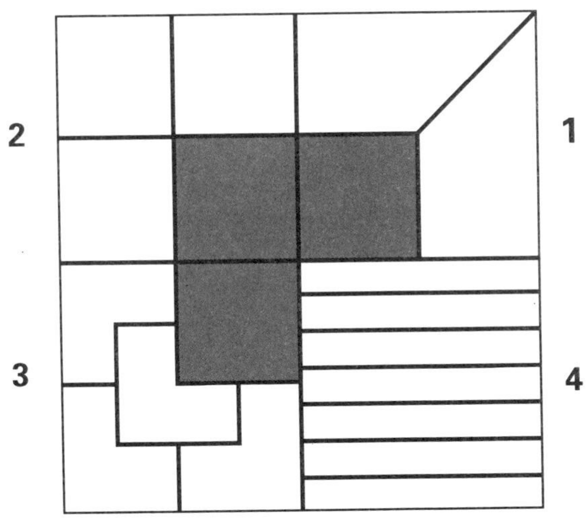

最后的答案很简单，但是因为我们起初设想它应该很难，于是干脆直接连看都不看了。相反，如果你跳过前面的步骤，直接让一个人把正方形分成七个面积相等的部分，他很容易就能做到。在这个例子中，我们自己先主观地认定了困难的存在。

> “在很多情况下，我们在处理问题时，往往先主观地认定了困难的存在。”

想象有多远，你就只能走多远

有了之前讲过的例子做铺垫，我们可以再来看另外一个很经典的实验，在这个实验里，心理学家告诉我们人是怎样编织本不存在的蚕茧束缚自己的。

问题很简单：如何一笔画出四条首尾相连的直线把九个点连起来？

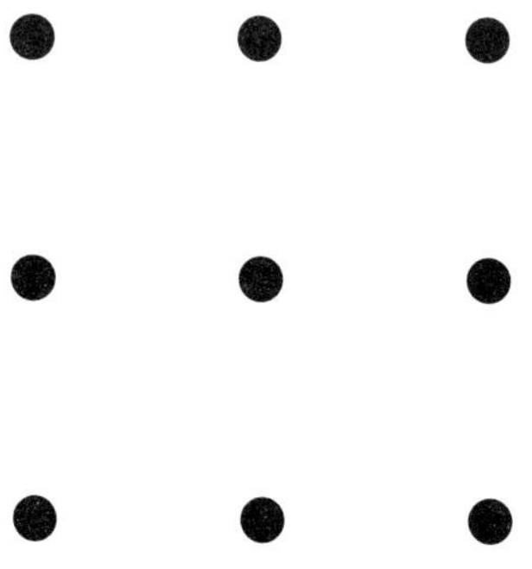

虽然答案是存在的，不过估计很少有人能想到。为什么呢？首先，我们往往只会想到横线和竖线，没有想到也可以画斜线；其次，我们会觉得画出的每一条线必须从某一个点开始，在某一个点结束，所以我们的想法就被限制在了这九个点构成的矩形里。其实如果没有这些我们自己强加的束缚，答案就很容易了。

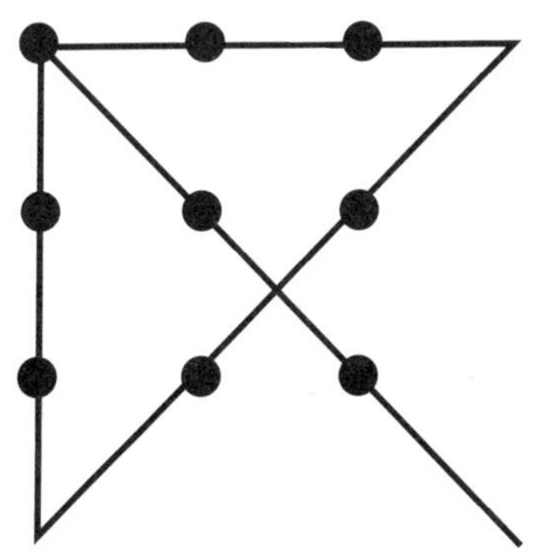

“人总是编织本不存在的蚕茧来束缚自己。”

平面还是空间，这是个问题！

我们强加给自己的束缚往往来自于要求的模糊。这个现象很神奇，问题的要求和给出的信息越不明确，我们越会强加上一些限制，就好像是给自己编织了一个怎么也跳不出的蚕茧。但如果要求说得更详细，明确了限制，我们寻找答案时思维的限制反倒更少。“六根火柴的问题”就是个好例子。

找人来帮你做这个实验，给他六根火柴，让他用这六根火柴拼出四个等边三角形。估计他要用很长时间来尝试，最后也找不出答案。他会在他面前的桌子上一直尝试，最后两手一摊等着你给答案。你会发现他一直在尝试在二维平面内摆出四个等边三角形，而答案其实很简单，就是用火柴摆出一个金字塔的形状。

但很多时候我们是想不到三维空间的，我们的习惯让我们只在纸面上思考这个问题，而不是在空间上。也许以后科技的发展和科幻电影的奇效能改变这种情况。

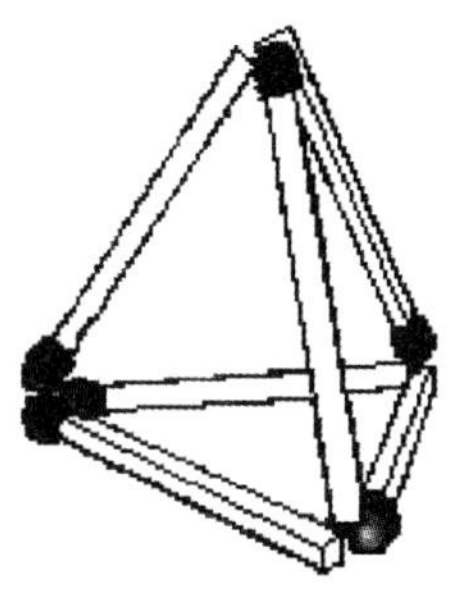

现在再试着拿这个问题去问问其他人，不过这次明确告诉他们可以在空间上考虑。他们肯定一下就找到窍门了。通过明确的表述，可能存在的隐含限制就被排除了。

“我们强加给自己的束缚往往来自于模糊的要求。”

蜡烛蜡烛告诉我，作茧自缚为什么

另一个小测试可以证明，我们头脑中认定的物品的用途，也会给我们带来本不存在的束缚。简单说来，我们下意识地觉得，某个东西是用来做某件事情的，那么它就不能被用来做另一件事情。

为了做这个小实验，准备三个不同尺寸的火柴盒。在其中一个火柴盒里装进三根小蜡烛，另一个装几颗图钉，第三个装几根火柴，当然还要注意事先去掉火柴盒上点火用的磷条。然后这样做介绍："这个试验的目的是把蜡烛放到墙上。"接下来就开始观察朋友们怎么尝试解决这个问题吧。

有的人会试着点燃蜡烛，因为熔化的蜡可以像胶水一样把蜡烛粘在墙上。另一些人会试图想出火柴的其他用法，比如说把火柴插进蜡烛里。你的朋友们会尝试各种行不通的办法。实际上，办法很简单。如下图所示，你只需要用图钉把火柴盒固定在墙上，然后把蜡烛放上去就可以了。

不过，因为你给了他们火柴，所以你的“小白鼠们”会尝试使用这些火柴，因为他们觉得火柴是这个问题中不可或缺的一部分，所以答案一定会用上火柴。火柴盒往往被忽略掉了，因为我们首先觉得它是个容器，它在这个问题里是可有可无的。

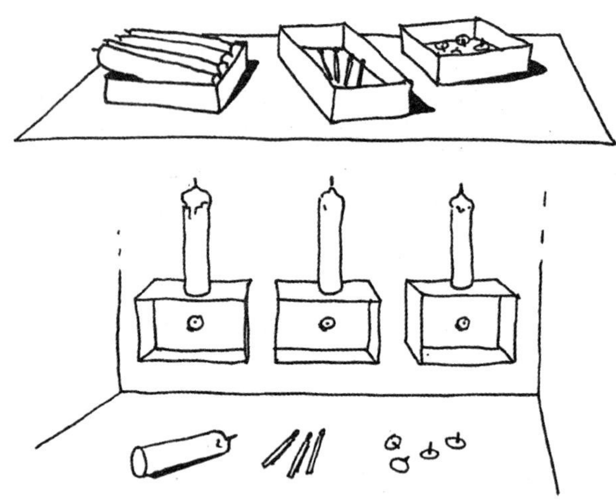

你还可以再另外做一个试验。这次，你在朋友们面前放上三根蜡烛，一些图钉和三个空火柴盒。这次，朋友们肯定会直接考虑到要用火柴盒来解决问题，因为没有火柴了，没有人会再想着用火柴来想办法，答案很快就会被找出来。

这就是不同的描述可以使问题简单化或复杂化的例子。这也是个关乎个人能力的问题——如何在解决问题的时候不囿于事物的一般用途，如何找到巧妙的蹊径。更重要的是，这也反映了一个人能否避免给自己强加不存在的束缚。避免无端作茧，防止思维受缚，让思想自由翱翔，这更是一种个人能力。

> “*避免给自己强加不存在的束缚，让思想自由翱翔，这是一种难得的个人能力。*”

逻辑和智慧

寻找逻辑却丢了常识

如果我们说话时让人觉得逻辑不通，就会在听的人那儿引发一堆奇怪而缺乏逻辑的分析，下文中的逻辑题就是如此。不过，请在看正确答案之前先自己想想是怎么回事。

三只蚂蚁排队在荒无人烟、一望无际的沙漠中爬行。爬在队首的是一只黑蚂蚁，后面跟着另一只黑蚂蚁，队尾是一只红蚂蚁。队首的黑蚂蚁说："我身后有一只黑蚂蚁和一只红蚂蚁。"第二只黑蚂蚁说："我前面有只黑蚂蚁，后面有只红蚂蚁。"红蚂蚁说："我前面有只黑蚂蚁，后面有只红蚂蚁。"

为什么红蚂蚁这么说呢?

问题一经提出，大家就八仙过海各显神通：什么"地球是圆的"、什么"沙漠中日照带来的热量造成的特殊视觉效果"、什么“红蚂蚁和黑蚂蚁的敏捷程度有差异”，等等。大家想要找到一条以物理或化学原理为基础、科学合理的解释，因此就会得出以上这类解答。

这个故事的主角是沙漠中的蚂蚁。如果换成三个普通人的简单故事，那你的第一反应肯定会是：“因为第三个人胡说呗！”红蚂蚁显然说了谎，这是最简单最符合逻辑的解释。这种解释充分考虑到一个常识现象：并不是所有人都说真话。关键是，在听到一个逻辑问题时，人们会自动排除“谎言会夹杂其中”这种可能。

50 呈现方式也是关键

有时，表述或呈现的方式也会制造障碍，因为就像前言中提到的“丹麦的猕猴桃”那个例子一样，人的思维受到特定信息处理模式的限制。

比如，让朋友看着下面这个计算题：1000 + 40 + 1000 + 20 + 1000 + 30 + 1000 + 10 = ？他们应该轻松得到 4100 这个答案。

不过，要是以每两秒一个数字的速度向他们口述上面的数字，他们中就会有很多人得出 5000 这个错误的结果。

问题就出在表述方式上。面对较复杂的加法，即有四位数或

小数点出现时，不管有多简单我们都习惯于在纸上做书面运算。写在纸上，能让我们选用一种自小就学会的方法进行准确无误的计算。我们也会尝试用这种方法心算，但往往会记错数字，把百当成千等等。尤其是这个题里只有两位数和四位数，会让我们忘了三位数的存在。另外，对部分人而言，纯粹依赖耳朵来听一个有四位数的运算题，这种方式本身就产生压力，从而增加出错的可能。

换一个方法，以下面两种不同形式书面呈现这个题，要求朋友心算，你也会观察到相同的结果。

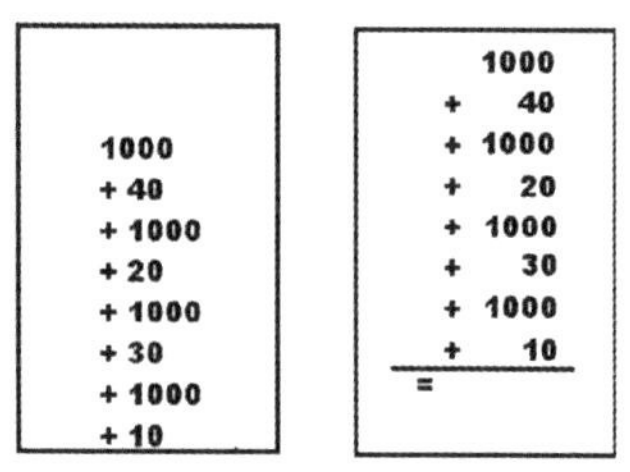

左图中，尽管数字的排列与我们常用的加法竖式排列相似，但本质上并不相符：它并没有按照数位对齐的方式排列，而且页面底端也没有为答案留出空间。与右图正好相反。左图这种呈现方式更容易引发错误，当然也完全有可能答对，但会因此而花费更多的时间。

这个小实验说明，虽说我们都熟练掌握抽象思维，但还是无法在心里默默进行，如果我们平时习惯于某种具体的呈现方式，我们的大脑就会对这种方式产生依赖。

51 门类繁多的智商测试

从1900年以来，尤其随着两名法国学者比奈和西蒙的研究，智力与智商（IQ）成为心理学研究中重要的概念。但这两个概念的定义至今仍未取得共识，因为学者对究竟以什么为参考依据各持己见：解决问题的能力？知识面？词汇量和语言运用？运算能力？逻辑能力？适应环境能力？由于重视的领域不同（其实各领域之间是互相关联的），每个学者给出的定义也就不同。

现在的智商测试门类繁多，一种测试同时就检验多项能力的情况也较为常见。

要检验对概念的了解和掌握程度，可以借助“找到不同类的一项”这类难度可递增的试题。

在每行词语中找出不同类的一项

1. 餐馆	自助餐厅	快餐店	车库
2. 锤子	剪刀	木锯	斧头
3. Mars（火星／玛斯战神）	Mercure（水星／墨丘利商业神）	Vénus（金星／维纳斯女神）	Neptune（海王星／尼普顿海神）
4. maison	habitation	villa	résidence

第一行中，人们很快就能找到“车库”这个不同项。而第二行中，则要花费一番工夫才能想到“锤子”是唯一不能剪切事物的工具。第三、四行能反映你朋友的思维方式和想象力：第三行中，“金星”可以因为是唯一的女神而被视作不同项，但答案也可以是“Neptune”，因为古人分别用前三个神命名了星期中的周二（mardi）、周三（mercredi）、周五（vendredi），而“Neptune”却与此无缘。智力测试中如果出现了这种题，那么两种回答都有可能被接受，但第二种无疑会为当事人加分，因为自发想到这一点的人必定不多。至于第四行，首先它肯定不会出现在测试题中；其次它能让我们更好地意识到人类思维的复杂程度，因为这题没有现成的明显答案，人人都能自圆其说：“résidence”是唯一不带

有字母 a 的单词；或者，“habitation”是唯一带有 2 个字母 i 的单词，等等。

智商测试也可以测词汇量及其运用能力，比如哪个词与“首要的”在语义上最为接近：必要的，主要的，先前的，口头的。正确答案显然是“主要的”。而且试题还可以变得更为复杂：蜂蜜之于蜜蜂，正如蚕丝之于什么？本题既能检验当事人的词汇量，又能检验他对动物分泌物的了解程度。

测一测你的逻辑思维能力

智力测试可以通过多种方式测试逻辑推理能力，虽然题目在形式上可能差别很大，但其实它们要求运用的逻辑推理能力和推理过程往往大同小异。

心理学家喜欢用序列来测试逻辑推理能力。比较简单的是数列，要求运用数学推理，比如：请写出空缺的那个数字：3—6—12—24—（　　）。有时也会有与空间和结构概念有关的序列，比如：请选出下一个图形。

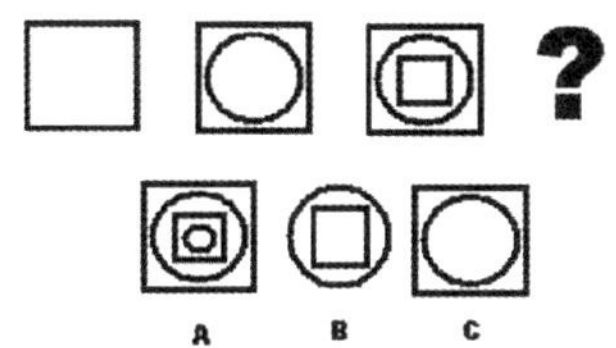

你可能轻易就能解决上面这个图形序列题。但有些序列难度较高，它们不是单独考查数学推理或空间想象能力，而是将空间图形、图形组合和各部分之间的数学关系综合到一起。这类题中，各种棋牌组合——比如多米诺骨牌——是常用的题型，因为心理学家总是对此情有独钟。

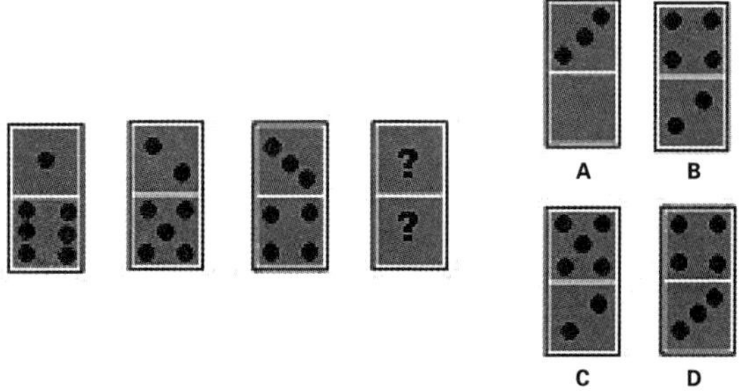

找到正确答案 D 很容易，因为我们一眼就看出顶行的点数以 1 为单位递增，而底行则以 1 为单位递减。

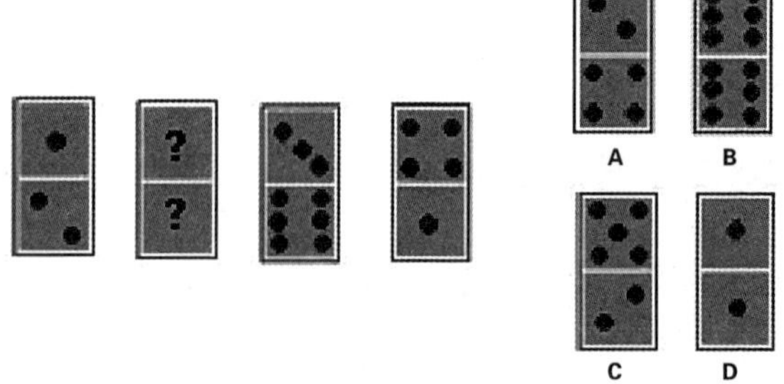

第二题要求找到两条逻辑：顶行的点数以 1 为单位递增；而底行则以 2 为单位递增。同时还必须得想到 6 点加 2 是 1 点，因为中间还隔了一个白板。

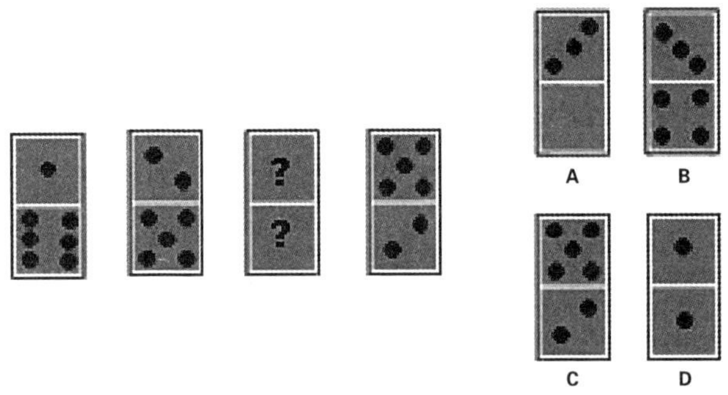

要解答最后这题，一般人只能依赖于供选项才能做到。

有时的确会出现一题多解的情况，答案可简可繁。出题的人会尽量避免提供过于浅显的供选项，这样被测试者就必须一一核实才能逐个排除错误回答、最终保留正确项。本题的正确答案是 B，原因很简单，其他方案无任何逻辑可言，而 B 方案有其逻辑，只不过找到这个逻辑要伤很多脑细胞。

玩骨牌能扩增脑容量啊!

在最后一题中，我们看到顶行点数是前两个骨牌顶行点数之和“1+2=3”，“2+3=5”，而底行与顶行的点数之和则始终是 7。但这个答案还不是最好的。假如供选项中有上 6 下 1 的牌，那它会是更好的选择，因为它符合上 5 下 2 那张牌的逻辑，并且这样一来两张牌正好是前两张牌颠倒的结果。

空间思维能力则是通过这类问题来检验的：下面哪幅图中字母 X 的位置符合它在例图中的位置？

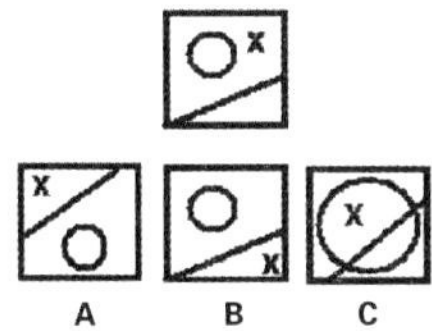

正确答案是 A，因为 X 在斜线上方，并且在圆形之外，而 B 图中 X 在斜线下方，C 图中它在圆形里面。

53 挑战智力的脑筋急转弯

测试智力和逻辑推理能力还可以用思考题。有些题看似简单，但却需要通过复杂的推理才能解开。比如下例：

古斯塔夫有多汗毛体征。

多汗毛的男性个子矮小。

能推断出：

A．古斯塔夫是高个子。

B．古斯塔夫是矮个子。

C．古斯塔夫是个男人。

D．男人都有多汗毛体征。

莱昂是好人。

布列塔尼人是好人。

能推断出：

A．莱昂是布列塔尼人。

B．莱昂是巴黎人。

C．莱昂是个运动健将。

D．莱昂有可能是布列塔尼人。

古斯塔夫显然是矮个子(B)，关于莱昂我们最多只能说他有可能是布列塔尼人(D)。这里只用到了逻辑推理，也就是思考前提以及由该前提出发可能推断出的结论。

还有一些智力测试使用带有图示或不带图示的趣味性脑筋急转弯。但是心理学家很少使用这类问题，因为很难根据其结果得出明确的结论，更由于无法使用它们建立量表，从而不能进行个体与平均水平的比较。

例子有很多。比如：让朋友说出一个你可以坐上去他却不能的地方。

再比如：丈夫想在夫妇卧室里夜读，可是妻子认为丈夫对书的兴趣大于对她的兴趣，怒不可遏地熄了灯要睡觉。但是丈夫却还能继续看书，这是为什么？

还有：人们刚刚在沙漠中发现一具孤零零的男尸，四周没有任何痕迹。请问他的背包里有什么？

类似的小谜语成千上万，要解开谜底则需转个小弯：你可以轻易坐下而他却不能坐的地方是他的膝盖、脑袋或他的背；愤怒女人的丈夫是盲人，会读盲文；沙漠男尸的背包中是一把他没来得及打开的降落伞。

但智力测试思考题检验的更多是面对复杂逻辑时的推理能力。有些则需要综合运用逻辑和数学推理。例如，有三只装满硬币的书包，其中一只包里装的是可以乱真的假币，唯一的区别是假币重 5 克而真币重 4 克。给你一架天平秤，只能称一次，怎样找到装假币的书包？用厨房秤代替天平秤，你能否只称一次就找到装假币的书包？

用天平秤时，只需从前两个书包内各取一枚硬币，分别放在两个托盘上；如果两边重量不等，则较重的那枚来自装假币的书包；但如果重量相等，则第三个书包里装的是假币。用厨房秤时，从第一个书包取一枚，第二个书包取两枚，第三个书包取三枚，就可以轻松找出假币所在。6 枚真币应该重 24 克，那么如果厨房秤给出的总重量是 25 克，那么假币来自第一个书包；如果总重 26 克，则假币来自第二个书包；最后如果总重 27 克，则假币来自第三个书包。

另一些更难解的思考题不仅需要推理，还要求能够充分利用题中出现的事物特性，比如能够走出给定情景的时空限制。以下就是典型的一例：房间里有个灯泡，它的开关在外墙上。但外墙上有三个开关，而且房门是关闭的，你无法通过按其中一个开关而直接得知它是否就是控制灯泡的那个开关。能不能只开一次门就找到正确的开关呢？

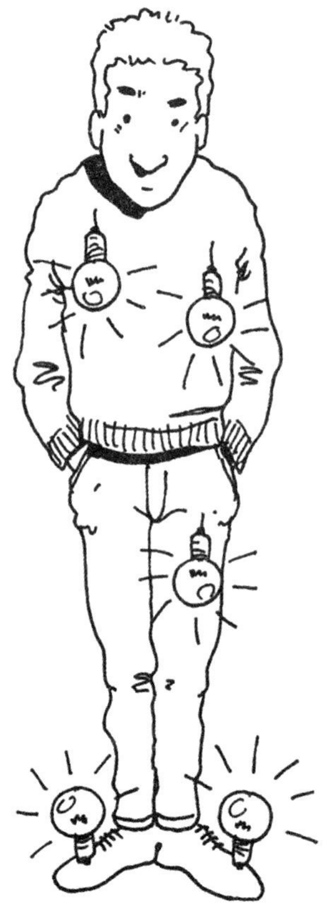

我有5个60瓦的灯泡，我手插裤兜，我妻子名叫马丁娜，今天是星期一。请问我的智商是多少？

只开一次门，似乎就只能算是碰一次运气，因为这无法保证我们成功。从另一个角度讲，试许多次也没有意义，因为只能开一次门。要解决这个问题，还得想想灯泡的特性，想想它不仅能发光，而且还能发热；其次还应该敢于利用时间这个条件。这样问题就迎刃而解了：按下某个开关，等十多分钟，然后再按下另一个并立即打开房门。如果灯亮了，那么当然第二个开关就是我们找的那个；如果灯没亮，那么摸一下灯泡就能找到答案。如果灯泡是热的，那么第一个开关必然就是控制灯泡的那个，因为这证明它被点着了十分钟；如果灯既不亮又不热，那么剩下的那个开关才是我们要找的。

 橡皮泥：最佳的测试

话说回来，上文已经提到，一次科学的智力或智商测试考量的依据不仅仅局限于“正确答案”。

通常，答题（一道题或整场测试）所需时间也被视为重要的参考值，因为智力的定义也可以是在规定时间内解决问题的能力。

年龄是另一个关键变量，如果年龄不同那就没有可比性，一个人的智商只有在与他人比较时才真正具有意义和用途。爱因斯坦 140 或 160 的智商之所以令人震撼，是因为普通人的平均智商为 100，并且只有 25% 的人智商高过 115。然而，回答某些问题的能力同时又受制于人的年龄，一个 40 岁的人能解答上文举例的多米诺骨牌序列题，这不能说明他比解答不了这个题的 3 岁小孩更聪明，只

能说明他年长，有足够的时间让各种能力得到充分的发展，而 3 岁孩童却根本还不具备这些能力。

最初的智商测试，比如比奈和西蒙的测试题，还测量智力和其他能力发育情况，并且充分考虑年龄因素。心理学中很大一块由此转而研究儿童发展，尤其值得一提的是皮亚杰[①]开创的流派，其最重要的发现是儿童的发展分为不同阶段。

所以，不如先饶了你的朋友，找他们的孩子玩会儿怎样？现在就邀请不同年龄的孩子和你一起玩橡皮泥吧。

首先向他们介绍两个不同颜色的橡皮泥球，让他们想办法使两个球达到相等的“质量”（注意不要说“重量”或“体积”）：“我要你

① 让 · 皮亚杰（Jean Piaget，1896—1980），瑞士心理学家，发生认识论的创始人。

做两个一模一样的圆球，就比方是两个面包——我能吃到的面包得一样多。”

等每个孩子都做完两个球以后，你把其中一个揉成圆棍的形状，然后再问他能吃到的“面包”是不是还一样多。如果他很自然地回答“是”，你可以让他特别注意“一个是圆球而另一个却是长得多的圆棍，所以应该有更多可以吃”。你甚至可以逗逗孩子：“我觉得棍子面包里能吃的更多，我对吗？”

你也可以把那个“面包”揉成面饼或干脆把它切成几块。再仔细听孩子们的评论，他们的评论总是准确反映他们的思维方式。

你会发现七岁以前，哪怕先做出的是正确判断，很多孩子都会最终认为长棍里能吃的面包更多。

这下我们恍然大悟，成年人认为浅显易懂的“质量守恒定律”，七八岁以下的孩子还远远没有领会呢。我们甚至以为两三岁的孩童都明白这个道理，以至都无法理解为什么孩子们觉得“蓬松的馒头”比“软塌的馒头”更能填饱肚子。太想当然了！

> “一个人的智商只有在与他人比较时才真正具有意义和用途。”

55 一公斤的羽毛比一公斤的铅轻？

既然孩子和橡皮泥就在你身边，那就再做两个形状大小一致但颜色不同的球，问孩子们两个球是否一样重。他们会不假思索地回答“是”。如果你有天平秤，你还可以让他们动手称一下，让他们亲眼看到他们的“预言”有多么准确。然后再如法炮制，把其中一个球改成棍状、饼状或把它切成七八块。

现在再问他们是不是两边还是一样重。你可以把没变化的球放到天平托盘上，然后假装要把变形的那部分放到天平另一边。这时让他们预言天平会发生什么变化、怎么倾斜等等。像刚才一样，如果孩子们犹豫不决，你就说：“我觉得面饼比较轻，这样想对吗？”

几乎所有六岁以下的孩子都会告诉你形状改变之后重量减轻了。“肉肠很长”、“面饼扁平”、“切成块后每一块都很小”等等，这些都会是他们的论据，用来证明重量的确减轻了。

相比你刚才测试的“质量守恒”，儿童学会“重量守恒”的时间更晚。从中你可以看出，儿童发展到一定时期能学会某些道理，而另一些则还需时日。七岁的儿童很难理解这个小试验中重量没有变化，得等到八九乃至十岁他才能毫无障碍地真正接受这点。

明白了这一点，我们就有可能去原谅有些人，他们虽已成年，却还是固执地认为一公斤羽毛比一公斤铅轻。

心理学家的高科技实验室

56 最后谈谈体积

最后你再来测一下孩子们对“体积守恒”的理解。

这回只需要一块橡皮泥，不过得另加一杯水。让孩子们观察杯子中水的高度，注意不要使用“重量”这个词。你也可以教他们用水彩笔在杯子上画个记号。

然后把橡皮泥球浸到水中，在新的水位边上做个记号。取出球，让孩子们注意看杯中的水已下降到第一个记号那里，也就是最初未放球进去的水平。现在，不用我说你也知道该怎么做了：把圆球变成长棍或切成七八块（第二种方法在这个实验中的效果会更明显），放进水杯之前，让他们预测水位情况。

若是他们说水会上升到第二个记号处，你就问他们："你确定吗？这回我放进去的可是小碎块噢！"接下来他们就会给你一连串的解释，你要好好听，他们的解释会非常有意思并充满启迪。

这个实验轻松地告诉你一个事实：孩子们理解“体积守恒”的年龄比我们想象的晚得多。九岁儿童中只有一小半懂这个道理，而有些孩子到十一岁才能学会呢。

你想想，某些人都长得老大了还认为咖啡里加糖不会改变咖啡的高度，还振振有词：糖是可溶解物！

与孩子们一起完成的这几个实验让我们豁然开朗：能力发展是有阶段性的；儿童发展进程有个体差异；随着年龄的增长孩子肯定会有更大的进步。记住一点，切勿急着妄下断论，要知道，我们并不能通过孩子到达某一阶段的时间早晚来预言他未来的智商。

57 请站在小狗的立场上思考

心理学家在儿童发展问题上发现的阶段性涉及很多方面，远远不止上面讲的对守恒概念的感知。

计算能力发展的不同阶段能展示很有意思的实验结果，比如说揭示孩子在上幼儿园之前就能做加法。但测试这种能力发展的实验设计起来相当困难，而且要求综合考虑多方面变量，如固定视线所需的时间，而单靠简单的计时器是无法获得这种数据的。

儿童的情感发展也遵循不同的阶段。这点很容易观察：新生儿只有舒服或不舒服的感受，渐渐地会出现愉快、惧怕、厌恶、愤怒等情绪，孩子要等相当久的时间才能表达骄傲或自责等情绪。想测试一下他们的情感发展阶段吗？询问他们看这两幅画之后有什么感受。

信不信我知道你在想什么

两幅画中，小狗回家看到狗窝外面有东西。问不同年龄的孩子哪幅画中的小狗更高兴。你会听到大部分六岁以下的儿童说小狗看到玩具比看到狗粮更高兴。如果他们自然地回答小狗看到狗粮更高兴，那就问他们是不是确定，问他们到底看到什么以后小狗的尾巴会摇摆得更欢快。你就这样略微坚持一下，孩子们就会改变主意，从中可见他们在此情景中产生了错误的情感判断。

什么原因呢？因为六七岁之前，孩子在做情感判断时都以自己为参考，他并没有换位思维的能力，更不能站在小狗的立场上思考。

意愿问题也是如此。有研究表明，这个年龄之前，虽说孩子会为了避免家长生气说他不是“故意”打碎客厅的花瓶，但他其实不怎么明白这个词的真正意义。他不会根据意愿去评价自己的行为，对他人的行为亦然。这就是为什么下课玩耍时推搡过他的同学永远都是“坏同学”，就算“不是故意的”也没用。孩子在这方面是非此即彼的，没有中间地带。这也许就解释了为什么大人总觉得小孩看的动画片那么愚蠢，尽管其实大人自己也没少看。

心理学家对语言发展不同阶段的研究不胜枚举。注意观察孩子们在不同阶段怎样表达同样的意义。你很容易注意到他们的词汇量会逐渐变得丰富，当然在某些年龄段词汇量的飞速发展尤其惊人。你还会看到他们首先习惯用语调来提问，稍后才学会用特殊的句法建构问句。他们先学会用“不……”来代替稍后才能学会的反义词。

比如，他们经常会说某东西“不小”，等他们长大一点才会说“大”。你能观察到六七岁以前的孩子很少使用“被”字句。比如，你先说“猫吃了老鼠”，然后让他们用“老鼠”开头表达同样的意思，他们会说“老鼠死了”，而不会说“老鼠被猫吃了”。这就是造成与儿童沟通困难的原因之一。

> *“在到达一定的年龄之前，孩子们不具备换位思考的能力，而且不会根据意愿去评价自己的行为。”*

意大利人比别人更善于沟通吗？

与小孩子的沟通有时似乎很困难，我们经常会认为，有些事情对任何成人而言都一目了然、不言而喻，但他们却理解不了。其实不然，因为有时候成人之间的沟通也会受制于一条简单信息的传递。

聚会时拿下面这个游戏供大家玩吧。你看到的其实是互为对称、一模一样的四张图。

第一个游戏在“正常条件”下进行。选一张图，让一位宾客为其他人描述，当然不能给他们看图。其他人每人都有一张纸一支笔，任务是根据描述画出图形。不要有任何限制，这样其他人就可以任意提问，负责描绘图画的那位也能借助手势。五分钟后将他们的“艺术作品”收上来，暂时别让他们看原图。

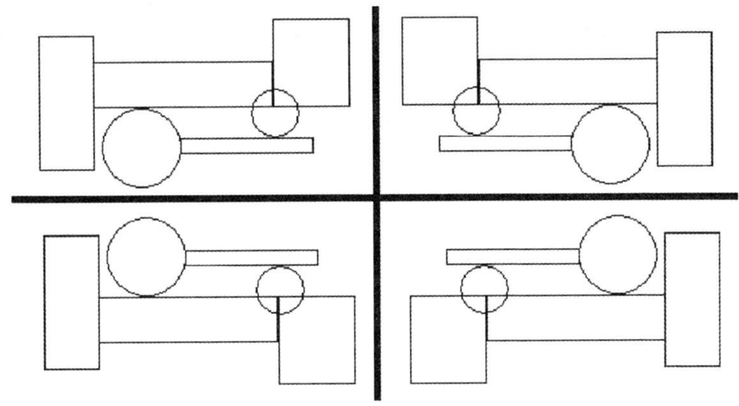

下一个游戏有条件：描述的人不能用手。在剩余三幅图中选其中之一，再请一位客人来描述，但这次你得把他的双手捆在背后。五分钟后收起他们的大作。还是不能让他们看原图。

第三个游戏的条件是“独立完成”。这次选剩余两幅图之一，负责描述的那位可以用手，不过其他宾客不能提问。为防止他们之间眼神的交流，描述者必须用图纸挡住双眼（你会发现他会控制不住地把目光投向众人）。剩下的做法同上。

最后的游戏是描述剩下的那张图，条件是“没有任何辅助工具”。描述者只能让人听到自己的声音，但别人既看不见他也不能提问。如果五分钟后他们能有任何成果，请你收上来。

现在让他们看四幅原图，注意他们的反应。

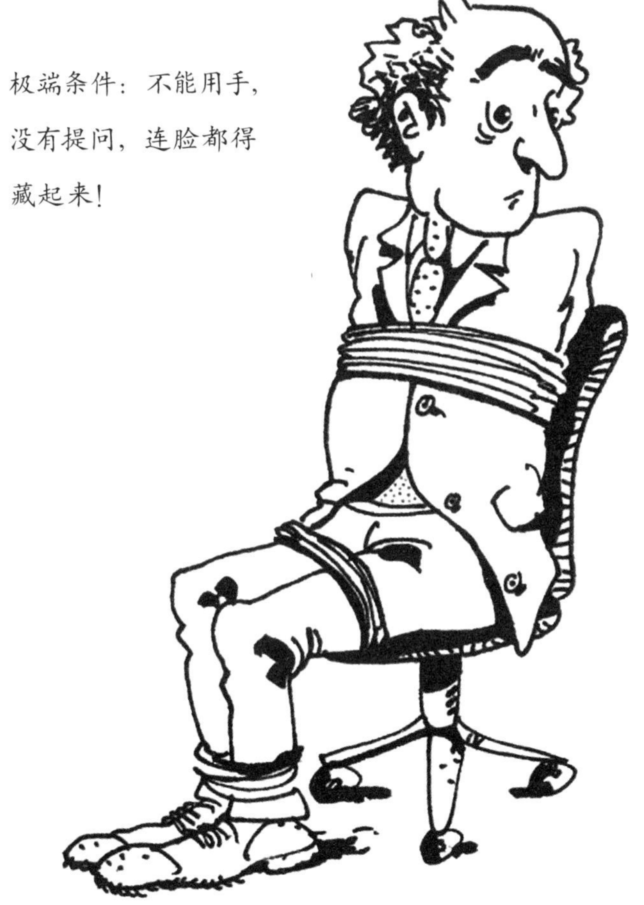

极端条件：不能用手，没有提问，连脸都得藏起来！

应该说，第一位已经用他的精确描述奠定了基础，再加上大家都对任务越来越熟悉，画出这些图应该越来越容易才对，结果却是每况愈下。他们画出来的形状越来越少，大小也逐渐失控，不同形状间的相对方位到最后“彻底崩溃”。

如果你之前不了解，那现在你可再没借口了：这个实验清楚地证明语言并不是沟通中唯一的重要因素。我们运用的非语言手段是多元的：手势、他人多少带点询问的目光、情感，等等。所以，人们总强调说意大利人用手说话，但却忘了说这样做使他们的沟通效果更好。

这还证明，在沟通过程中，如果对方不能表达自我，就不能提供心理学家所说的**反馈**（feed-back），信息传递的效果会因此而打折扣。这个例子中，画面的复杂程度与沟通效果无关，因为四次描述的内容都一样。

想象一下，要是你没有让他们画上面这些简单的图，而是描绘更为繁复的事物，比如一幅风景，或一群人、一间房屋的某一面，结果会是怎样？要不，与其想象，不如让那些还不是太恨你的朋友做个实验吧。

 影响与被影响是件很容易的事

还是同一次聚会（这也许是最后一个朋友们愿意与你共度的聚会），有两个实验供你参考。首先让朋友们看下面这幅星云图，只看1秒钟。画中共有90颗星星，虽然我们总会觉得没那么多。

先让他们各自在纸上估计星星的总数。

重新开始。不过这次等大家心中估算结束后，再让他们公开自己的两次估算结果，如果有人两次结果不一样，那他还得解释其原因。

然后再来一次。让大家看1秒钟星云图，请他们估算星星的总数并互相交流。

再给看第四次都无妨。

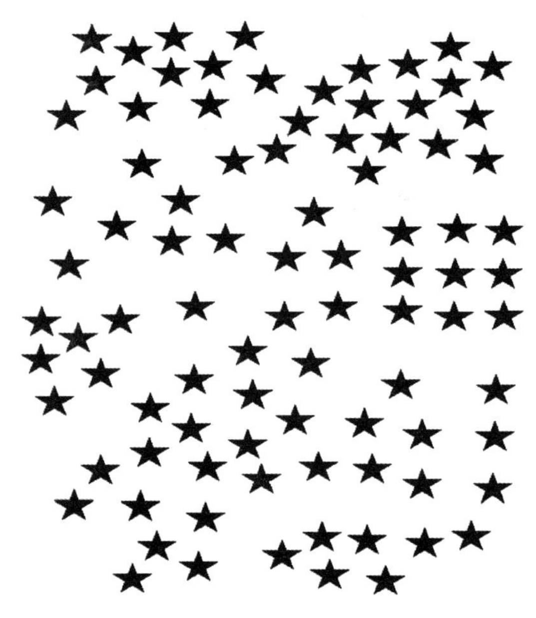

哎呀没
事儿啊!
我发誓我只
看到 10 颗!
他是不是应
该去看个心
理医生?
或者眼科
大夫?

你的发现是什么？仔细看一下每个朋友每次的估算结果，你看到前两次之间的差异小于二、三次之间的差异。为什么？因为哪怕是表达最无足轻重的观点，都会动摇他人的自信心。你还会发现，从第四次起大家的估算总数越来越接近，分歧趋于减少。人与人之间互相影响，在不重要的问题上我们会达到妥协，就算根本没人命令我们妥协。

下面这个小实验可以帮你发现影响别人是多么容易，不过别忘了在数星星的众人中安排一个"帮手"。这个帮手将是最后发言的人，从第二轮起他将这样做：如果大部分人认为星星的总数小于 90，他要说自己认为至少有 100 到 110 颗，并且在下几轮中全身心捍卫这个数字（当然不要攻击他人）；如果大部分人认为总数大于 90，他要说自己觉得最多只有 70 到 80 颗星星，并且在接下来的几轮中坚持这个立场。你会轻松发现别人会被你的帮手影响，会跟随他上浮或下调自己的数字。如果你能够安插几个帮手，甚至除去一个外全体都是你的帮手，那这个群体的一致性会发挥更明显的影响力。

“他人无足轻重的观点，也许都会动摇你的信心。”

结语：现在，朋友都被你吓跑了吧……

万分抱歉，都怪我们让你把朋友当作这些小实验的小白鼠，现在他们全都被你吓跑了吧。好好向他们解释一番，说这错不在你，他们肯定会表示理解，也会重新邀请你参加聚会的。

我们还是衷心希望，阅读本书、测试自己和他人行为的整个过程给你带去些许快乐——不管怎样，这是心理学家的初衷。

我们还希望你现在已经认识到心理学是一门真正的科学，它的使命是通过研究行为去理解并预知行为。心理学知识并不是某些人的特异功能，而是对行为的科学解读，每个人都能掌握这门科学，因为科学首先应该是人人共享的。

坚信这一点的心理学学者做了无数的实验，揭示证明了众多领域中的五花八门的现象，传播他们的研究结果和理论。

我们在本书中提供的研究成果仅仅是今天心理学汪洋大海中的一滴水。科学家就像你那样，用纸、笔、秒表，当然也使用电脑、各种感应器、脑电图，以及任何现代科学能够制造或想象的工具。

亲，心理实验，就等你来做小白鼠！

现在，我们就为你一个人来做最后一个实验。你还能想起本书开头含有“狗”、“汽车”、“梯子”、“报纸”的那串词吗？最后两个单词是什么？想不起来？很正常，你读到那串词时离现在已经隔了太长的时间，并且它根本无关紧要，而且对你也不具有任何的情感意义！

不过，你还记得第一个实验中提到的国名和水果名吗？你肯定能！我们敢打包票。为什么？因为我们知道你的大脑怎么运转！

趣味小实验摘录

◎ 你可以让你的朋友们试着用一根羽毛在他们自己的下巴上或者干脆在自己的脚底挠自己痒。但是，他们试过之后什么也不会发生，他们没法把自己弄痒。但是如果你一把抢过羽毛，开始痒痒他们，羽毛还没碰到他们，他们就开始求饶了。为什么呢？

◎ 让朋友们随意画一个“动物”，你会发现很少有人会画鱼、海葵、昆虫或飞鸟。一般来讲，他们会选择画狗、猫或奶牛，反叛性格较强的人则会画狮子或长颈鹿。

◎ 在聚会的时候，跟大家说，人没有办法舔到自己的胳膊肘。大部分人肯定立刻尝试起来，一方面要验证这到底是不是真的；而另一方面，也是在全力证明你说的不对。看到了吧，你又把他们的好奇心给勾出来了。

现在，你的朋友被你吓跑没……

——摘自本书